U0889349

Introduction to the Internet of Things for ITAI
(Information Technology Application Innovation)

信创物联网
导论

朱光超　杨　杰◎编著

电子科技大学出版社
University of Electronic Science and Technology of China Press
·成都·

图书在版编目(CIP)数据

信创物联网导论 / 朱光超，杨杰编著. — 成都：
电子科技大学出版社，2023.12
ISBN 978-7-5770-0672-7

Ⅰ. ①信… Ⅱ. ①朱… ②杨… Ⅲ. ①物联网—研究
Ⅳ. ①TP393.4②TP18

中国国家版本馆 CIP 数据核字（2023）第 215610 号

信创物联网导论
XINCHUANG WULIANWANG DAOLUN
朱光超　杨　杰　编著

策划编辑　熊晶晶　杜　倩
责任编辑　熊晶晶

出版发行　电子科技大学出版社
　　　　　成都市一环路东一段 159 号电子信息产业大厦九楼　邮编 610051
主　　页　www.uestcp.com.cn
服务电话　028-83203399
邮购电话　028-83201495

印　　刷　成都市火炬印务有限公司
成品尺寸　170mm × 240mm
印　　张　11.5
字　　数　220 千字
版　　次　2023 年 12 月第 1 版
印　　次　2023 年 12 月第 1 次印刷
书　　号　ISBN 978-7-5770-0672-7
定　　价　98.00 元

版权所有，侵权必究

序言

XU YAN

党的二十大报告强调，要“推进国家安全体系和能力现代化，坚决维护国家安全和社会稳定”。在百年未有之大变局的背景下，国际力量对比正在进行深刻调整，以美国为首的西方国家对我们封锁核心的科学技术，我们所面临的信息安全问题的复杂程度、艰巨程度明显加大。随着新一轮科技革命进入万物互联，我们在享受新一代信息技术发展红利的同时也面临着巨大的信息风险。核心技术等不来，也要不来。要解决国家安全问题，要解决“卡脖子”问题，只有靠我们自主努力。

信创，即信息技术应用创新，是2020年以来贯穿整个IT行业的主题主线，2022年国资委下发相关文件，全面指导并要求国企、央企落实信息化系统的信创国产化改造。如何发展信创产业、发展电子信息产业，是新时代保障国家安全的需要，更是提高产业安全、提高人民福祉的重大课题。

基于安全可信信息技术的人才体系，作为“在建设现代化产业体系上精准发力”的供给侧核心要素之一，对支撑国家产业链供应链安全、创新传统产业、前瞻部署未来产业，具有不可或缺的作用。然而，一方面，现行信息技术的底层技术大都基于Windows操作系统，存在程序漏洞、技术后门等重大安全隐患；另一方面，物联网、工业互联网，以及信息安全、智能产品等相关专业的人才培养都基于Windows操作系统，在全国高等教育，尤其是职业教育体系中，基于安全可信的操作系统、物联网平台的整体人才培养非常薄弱，在许多领域甚至还是空白。对信创物联网相关领域的系统性梳理和介绍的缺失是造成这些现象的重要原因之一。随着信创陆续落地于金融、电信、电力、能源、交通、航空航天、教育、医疗等领域，信创应用正在前所未有的提速发展，亟须教育界对信创在各领域的应用做出回应。

本书聚焦信创物联网产业，以物联网产业四大赛道——感知赛道、网络赛道、平台赛道、应用赛道——为主干编写，分别介绍信创物联网在仓储、油田、医疗、教育、物流、环保、社区、园区、制造、城市、家居、环保、农业、交通等领域的应用与典型案例。

本书浅入深出地介绍信创物联网相关知识，并通过各个行业的典型应用案例帮助读者理解物联网的概念，启发读者的应用思维，提高读者的学习兴趣，特别适合作为了解信创物联网的入门教材，对信创物联网领域的人才培养亦有裨益。

是为序。

北京航空航天大学

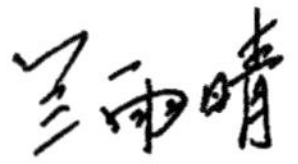

2023年12月

目录

MU LU

第三章
信创物联网的
基础设施——网络

第四章
物联网平台

第五章 信创物联网的应用与典型案例

第一章

信创物联网概述

伴随着云计算、人工智能、物联网、大数据等新一代信息技术的发展和普及，以信息技术推动产业数字化转型已经成为产业转型升级的重要方式。数字化转型是迈向数字经济社会的重要手段，是信息技术（information technology，IT）与社会深度融合的重要进程，广泛应用于各行各业。

数字经济已经成为我国经济增长的新动能和战略支撑。为抓住数字经济发展的重大机遇，各方都在积极行动，这将是未来“数字经济”蓬勃发展的动力之源。

传统产业数字化转型已经进入了从基础设施到云端平台、从终端设备到解决方案、从降本提效到数据增值的全方位、多角度、全链条式深化应用阶段，产业数字化规模仍将继续保持高速增长。其中，物联网也在不断升级服务能力，从转型的关键基础设施向综合服务生态转变，对传统产业的融合应用及创新价值日趋显著，成为国家数字化转型的重要战略支撑。

互联网时代，我国在核心技术和产品研发上受制于人。随着物联网时代的到来，我们不能再重蹈覆辙，必须在核心技术和产品研发上解决“卡脖子”的问题。因此，信创物联网应时而生。

1.1 物联网

1.1.1 物联网简介

一、物联网的概述

物联网（internet of things，IoT），顾名思义就是万物相连的互联网络，指通过信息传感设备，按约定的协议，将任何物体与网络相连接，物体通过信息传播媒介进行信息交换与通信，以实现智能化识别、定位、跟踪、监管等功能。传统的互联网连接计算机和人，而物联网的最终形态是连接万事万物。物联网以传统网络为基础，扩展和延伸了网络的类型和边际。同时，物联网的价值并不仅仅局限于网络，而是通过物联网边缘的各种感知设备获取大量数据信息，通过对这些数据信息的分析和利用，产生更多的价值，为自动控制、人工智能等新一代信息技术提供支撑。

物联网作为“感知、传输、应用”三项技术相结合的产物，是一种全新的信息获取和处理技术。

二、物联网的定义

物联网是通过射频识别、红外感应器、激光扫描器、全球定位系统等各种信息传感设备，通过通信协议，将物与物、人与物连接起来，进行信息交换，以实现智能化识别、定位、跟踪、监控和管理的信息网络。物联网技术的组成主要是基于感知层、网络层、平台层和应用层等四层结构。

物联网项目的运行大致可以分为以下四个阶段。

第一阶段：利用各类传感设备采集物联网设备的数据和信息。

第二阶段：利用各类网络技术，将数据和信息传输至物联网平台中心。

第三阶段：分析采集到的数据和信息，使用该数据和信息直接控制某物联网设备。

第四阶段：利用云计算、大数据、人工智能等分析并处理数据，制作成智能化的物联网应用，实现精准化的自动控制。

三、物联网的特征

全面感知：通过射频识别（radio frequency identification，RFID）、各类传感器等获取设备的数据和信息。

统一管理：通过统一的物联网综合管理平台，使用标准的数据处理接口，对物联网数据和信息进行收集、汇总，实现各类异构物联网设备数据和信息的一致性、安全性等。

可靠传输：通过网络融合将物体信息实时准确地传递给用户。

业务应用：利用云计算、大数据、人工智能等新一代信息技术，对海量的数据和信息进行分析和处理，进行智能化控制。

四、物联网的典型应用

（一）智慧交通

智慧交通是指将以物联网、互联网、云计算等为代表的智能传感技术、信息网络技术、通信传输技术和数据处理技术等有效地集成，并应用到整个交通系统中，在更大的时空范围内发挥作用的综合交通体系。智慧交通是以智慧路网、智慧出行、智慧装备、智慧物流、智慧管理为重要内容，以信息技术高度集成、信息资源综合运用为主要特征的大交通发展新模式。

（二）智慧城市

智慧城市是指在城市规划、设计、建设、管理与运营等领域中，通过物联网、云计算、大数据、空间地理信息集成等智能计算技术的应用，使得城市管理、教育、医疗、房地产、交通运输、公用事业和公众安全等城市组成的关键基础设施组件和服务更互联、高效和智能，从而为市民提供更美好的生活和工作服务，为企业创造更有利的商业发展环境，为政府赋能更高效的运营与管理机制。

（三）智能制造

工业物联网就是在工业系统中使用物联网技术，使机器彼此之间以及与环境和其他基础设施进行通信，并使其更加智能化。

智能制造是一个与工业物联网密切相关的概念，它指的是使用物联网机器来监控（并最终改进）生产流程。

智能制造和工业物联网都依赖于从机器和设备的嵌入式传感器中收集到的数据。这些传感器可以测量多种变量数据，如温度、压力和湿度，这些数据可用于评估和改进生产流程。如果使用得当且有效，这些数据可以提供多种好处。

1.1.2 物联网的发展历程

物联网的发展可以分为萌芽期、初步发展期和高速发展时期。

萌芽期（1991—2004年）：1991年，美国麻省理工学院的Kevin Ashton教授提出物联网概念。1995年，比尔·盖茨在其《未来之路》一书中构想物物互联，但当时并未引起广泛关注。2004年，“物联网”这个术语开始出现在各种书名中，并在媒体上传播。

初步发展期（2005—2008年）：2005年11月17日，国际电信联盟（International Telecommunication Union，ITU）发布了《ITU互联网报告2005：物联网》，报告指出，无所不在的“物联网”通信时代即将来临，世界上所有的物体都能够通过因特网主动进行信息交换。射频识别技术、传感器技术、纳米技术、智能嵌入技术将得到更加广泛的应用，这标志着物联网行业进入初步发展阶段，物联网的概念日益深入人心。2007年，智能手机的出现，为消费者提供了与世界联网设备互动的全新方式。2008年，第一届国际物联网大会在瑞士苏黎世举行。

高速发展期（2009年至今）：2009年1月，美国政府将新能源和物联网确认为美国国家战略。2009年6月，欧盟执委会发表欧洲物联网行动计划，提出要加强对物联网的管理，促进行业发展。2009年8月，江苏无锡市率先建立了“感知中国”研究中心，部分高校和运营商在无锡建立了物联网研究院，标志着我国正式开始在物联网行业进行战略部署。中国、欧盟、美国在物联网行业的部署计划标志着物联网进入高速发展期。

根据我国产业信息网的数据及预测，2019年全球物联网设备数量已达到107亿台，预计2025年物联网连接数将达到251亿台，每年保持12%以上的增长。

在政策与技术的支持下，我国物联网市场蓬勃发展。根据我国产业发展研究院的数据，2022年，我国物联网市场规模已达到2.14万亿元，同比增长21.5%。

1.2　信创物联网

1.2.1　信创产业简介

信创，即信息技术应用创新，是2020年以来贯穿整个IT行业的主题主线。简单来看，信创是指硬件和软件的一系列信息化创新技术，可理解为数字基建，是新基建最底层的一环。

信创涉及的行业包括：IT基础设施——CPU芯片、服务器、存储、交换机、路由器、各种云和相关服务内容；基础软件——数据库、操作系统、中间件；应用软件——OA（办公自动化，office automation）、ERP（企业资源计划，enterprise resource planning）、办公软件、政务应用、流版签软件；信息安全——边界安全产品、终端安全产品等。

发展信创产业是为了解决本质安全问题。本质安全也就是说，把它变成我们自己可掌控、可研究、可发展、可生产的。信创产业的发展已经成为促进经济数字化转型、提升产业链发展的关键。

1.2.2　信创物联网的概念

信创物联网是指信创在物联网的核心技术领域（即物联传感器、物联数据传输网络设备、物联网安全、物联网芯片、物联网操作系统、物联网数据处理平台等），通过国产化技术应用创新，推动整个物联网产业链的技术创新能力，提升物联网软硬件技术的性能，即安全性和可靠性。

1.2.3 信创物联网的发展方向

信创物联网的发展将围绕产业数字化、治理智能化、生活智慧化三大方向创新发展。

一、产业数字化

产业数字化方面，深化信创物联网技术在工业制造、仓储物流、智慧农业、智慧医疗等领域的应用，推动设备联网数据采集，提升生产效率。

二、治理智能化

治理智能化是指应用大数据等新一代信息技术，管理社会公共事务、化解社会矛盾、保障公共安全、改善民生福利，使治理更加科学化、智慧化。治理智能化主要体现在政府决策科学化、社会服务高效化、社会治安智能化、基础设施数字化等方面。未来，城市的治理将在物联网和人工智能系统的辅助下，感知城市的动态，分析城市的数据，指挥城市的运行，实现科学决策。

三、生活智慧化

生活智慧化方面，推广信创物联网技术在智能家居、可穿戴设备、儿童及老人照看、宠物追踪等产品中的应用。

在不久的将来，智能电视、手表、音箱、平板甚至车机、PC（个人计算机，personal computer）都将成为手机的一部分，通过手机，可以直接调用这些设备，交互方式将迎来翻天覆地的变化。各种智能家居、智能家电、智慧社区、智慧城市等，正在逐步改变我们的生产和生活习惯。

1.2.4 信创物联网的系统结构

根据信息生成、传输、处理和应用的过程，可以把信创物联网系统从结构上分为感知层、网络层、平台层和应用层等四层。

感知层：感知层的主要技术包括传感器技术、RFID技术、二维码技术等。

网络层：网络层不仅是互联网功能，而且能够实现更加广泛的互联功能。为了实现信息无障碍、高可靠性、高安全性的传输目标，需要传感器网络与移动通信技术、互联网技术等相融合。随着技术的发展，这些功能将会更加完善。

平台层：在高性能网络计算的环境下，将网络内大量或海量信息资源通过计算整合成一个可互联互通的大型智能网络，为应用层的服务管理和大规模行业应用建立一个高效可靠和可信的网络计算超级平台。采用高性能计算技术及大规模的高速并行计算机群，对获取的海量信息进行实时的控制和管理，以便实现智能化信息处理、信息融合、数据挖掘、态势分析、预测计算地理信息系统以及海量数据存储等，同时为上层应用提供一个良好的用户接口。在平台层，主要的系统设备包括大型计算机群、海量网络存储设备、云计算设备等。

应用层：应用层包括各类用户界面显示设备以及其他管理设备等，这也是物联网系统结构的最高层，如智能交通系统、环境监测系统、远程医疗系统、智能工业系统、智能农业系统、智能校园等。

1.2.5　信创物联网的产业赛道

依据物联网项目的组成，信创物联网产业可划分为四个产业赛道：感知赛道、网络赛道、平台赛道、应用赛道。

一、感知赛道

感知即通过传感设备和感知网络获取环境信息。感知是物联网的核心模块，是信息采集的关键部分。

感知设备由RFID标签和读写器、二维码标签和识读器、GPS（全球定位系统，global positioning system）、传感器、M2M（机器与机器的对话，machine to machine）终端、摄像头、传感器网关等组成，主要功能包括采集信息、物体识别等。

感知赛道的产业链可以分为芯片生产商、蜂窝模组/终端和感知设备生产商，产品主要包括传感器、系统级芯片、传感器芯片和通信模组等底层元器件。

二、网络赛道

网络的核心功能是通过通信网络进行物联网信息传输。

在网络层，主要包括各种无线网络、互联网、蜂窝网络等。随着物联网技术和标准的不断进步和完善，物联网的应用会越来越广泛，政府部门、电力、环境、物流等关系人们生活方方面面的应用都会加入物联网，到时，会有海量数据通过网络层传输到物联网平台中心。因此，物联网的网络层必须有较大的吞吐量以及较高的安全性。

网络赛道的产业链主要是通信和系统集成服务提供商，提供通信网络。

三、平台赛道

平台是运营商发展物联网的核心。平台不仅是产业链价值最大的一层，也是数据的集散中心，更是商业模式创新的集中区域。

平台赛道的产业链主要是各式的平台服务提供商，所提供的产品与服务可以分为物联网云平台和操作系统，完成对数据、信息的存储和分析。

四、应用赛道

应用的核心是通过平台进行信息处理。应用层与最低端的感知层一起，是物联网的显著特征和核心所在。

应用赛道可以分为消费驱动应用、产业驱动应用。

消费驱动应用包括智慧能源、智慧停车等；产业驱动应用包括智慧工业、智慧园区、智慧电商、智慧农业、车联网等。

应用赛道的产业链主要包括智能硬件和应用服务生产商等。

本章小结

信创物联网的核心是指在物联网产业链上，拥有的自主知识产权、安全可控及完整的物联网产品、技术及解决方案。本章主要围绕物联网简介、发展历程、信创物联网发展等的基本概念进行讲述。

通过本章的学习，希望读者能够对信创物联网的基础知识有一个系统的了解和常规的认识。

第二章

信创物联网的核心结构——感知

感知是信创物联网的核心结构，是物联网信息来源的关键，是物联网各种应用的数据基础。在物联网中，先通过标识体系标识万物，再通过感知设备如摄像头、温度传感器、速度传感器、北斗定位系统、RFID 阅读器等完成信息收集，最后通过通信模组传递信息。

本章将首先介绍感知识别的相关标准，然后简要介绍当前感知识别的相关技术，使读者对感知识别的研究与应用领域有总体了解。

2.1　标识体系与自动识别

物联网标识体系是通过无线射频赋予物品唯一的身份标识，如标签、二维码、条形码等。物联网自动识别是指通过扫描器、射频接收器等识别设备进行识别。

物联网标识体系与自动识别技术无所不在。例如，在商场购买商品，因为商品使用条形码标识，可以方便地在收银台结账；结识新朋友打开手机软件的个人信息二维码，只要扫描就可以方便地互加好友；进出小区的大门，拿出门禁卡通过无线射频识别就能打开大门；乘坐公共交通，使用

IC（集成电路，integrated circuit）卡；通过高速公路出入口使用ETC（电子不停车收费系统，electronic toll collection）等都用到了物联网标识体系与自动识别技术。

2.1.1 标识的意义

物联网技术的应用发展迅速，涉及社会的各个领域，全世界的发达国家和发展中国家都意识到唯一标识非常重要。唯一标识是建立物联网体系的重要核心要素。通过建立统一的标识体系，也是未来实现物联网全面应用的前提条件。

2012年2月6日，国务院印发《质量发展纲要（2011—2020年）》（国发〔2012〕9号文），提出“搭建以物品编码管理为溯源手段的质量信用信息平台，推动行业质量信用建设”；2012年8月3日，国务院印发《关于深化流通体制改革加快流通产业发展的意见》（国发〔2012〕39号文），提出“推动商品条码在流通领域的广泛应用，健全全国统一的物品编码体系”，对建设我国统一的物品编码体系提出了明确要求。

GS1系统是国际物品编码组织（GS1）负责开发和维护的应用于全球商贸领域的标准和商业语言，一般称为“全球统一标识系统”（简称GS1系统）。

GS1系统由编码体系、数据载体体系、数据交换体系三部分组成，也用于电子数据交换（electronic data interchange，EDI）、XML（可扩展标记语言，extensible markup language）电子报文、全球数据同步网络（global data synchronization network，GDSN）和GS1网络系统。《GS1通用规范》提供了GS1标识代码的语法、分配和自动数据采集（automatic data collection，ADC）标准。

为适应全球贸易一体化深入发展，满足供应链贸易伙伴之间的信息互联互通和共享需求，GS1系统在标准技术方案的开发、管理和应用推广等方面不断创新，并通过全球标准化管理流程与组织机构（global standards management process，GSMP），对《GS1通用规范》等标准持续修订和更新。与此同时，我国在GS1系统的本地化和推广应用方面也紧跟国际发展趋势，从广度和深度上不断推进GS1标准在各行业的应用，更好地服务于国民经济和社会发展，取得了很好的应用效果。

目前，GS1系统得到了广泛而普遍的应用。无论是超市、仓库、物流运输，还是医院、学校、政府机关；无论是服装、食品、医疗卫生，还是图书、办公用品、化工建材；无论是线上交易、移动支付，还是工业制造、军事国防、农业生产，到处都可以见到GS1系统的身影。并且，随着信息化的发展，GS1系统的应用会更加广泛。

2.1.2 数据内容标识符

随着物联网应用的不断发展，不同系统、不同平台之间的交互协同、信息共享正在逐步增多。为了保证相关数据在标签语义层面的一致性和互通性，实现物联网对象与对象信息的对接，有必要对物联网对象本身及其属性数据内容进行唯一标识。

2015年5月13日，国家标准计划《物联网标识体系—数据内容标识符》（20150053-T-469）下达，项目周期36个月，由TC287（全国物品编码标准化技术委员会）归口上报及执行，主管部门为中华人民共和国国家标准化管理委员会。

2020年3月31日，国家标准《物联网标识体系—数据内容标识符》（GB/T 38606—2020）由中华人民共和国国家市场监督管理总局、中华人民共和国国家标准化管理委员会发布。

2020年10月1日，国家标准《物联网标识体系—数据内容标识符》（GB/T 38606—2020）实施。

2.1.3 工业互联网标识解析体系

在工业生产中，机器和物品唯一的“身份证”，实现唯一性的定位和信息查询，这个就是标识，能进行身份识别。这个唯一的身份标识既可以是条形码、二维码，也可以是RFID无线射频识别标签等不同形式，其任务是将企业设备、部件、产品联网，通过工业互联网标识解析系统，实现信息查询和共享。

2021年，全国127个二级节点完成部署上线，标识注册总量已突破187.6亿，接入企业节点数量突破14 000家。在食品加工、汽车制造、装备制造、船舶制造、工程机械等行业中，标识解析体系的应用不断深化，已形成产品追溯、供应链管理和全生命周期管理等典型应用模式。

众所周知，消费互联网，可实现人与人之间的交流；工业互联网，能够让物与人、物与物展开对话，实现人、机、物互联。跨领域的工业互联网，带来的是数量庞大的异构产品，标识解析就不可或缺。简单来说，要搭建工业物联网，各种机器、物品和虚拟资源都要配对，必有统一的编号或者代码，这样对接和互联的时候才更准确和高效。工业互联网标识就像消费互联网中的域名，帮助我们在一个无穷大的数据库中轻易找到想要的信息。所以，这个标识必须是有效的、标准化的。

工业互联网标识解析体系的整体架构图，如图2-1所示。

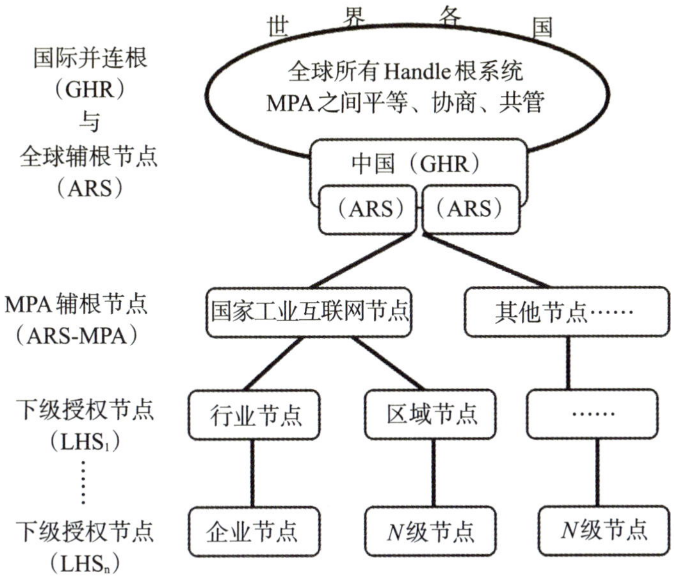

图2-1　工业互联网标识解析体系的整体架构图

根节点（国际）：全球有多个根节点，每一个根节点都是独立、平等的。每个根节点都是由MPA（全球并联项级前缀管理机构，Multi-Primary Administrator，又称全球Handle根系统）多组管理者来负责。目前全球一共有9+1个MPA负责整个DOA/Handle根区的共同管理，提供根区数据管理和根解析服务。

国家顶级节点：属于国家工业互联网的核心枢纽，为国内提供标识注册和解析服务。

二级标识解析节点：面向行业提供服务。

企业标识解析节点：为特定工业企业提供标识注册和解析服务。

公共递归解析节点：实现公共查询和访问入口。

2.1.4 自动识别

物联网自动识别技术可以为物流领域提供智能服务，保证物流信息的准确性和及时性，从物品出库到售后都可以利用物联网体系来为客户或者用户提供全系统的服务。此外，在智能交通领域使用物联网技术可以帮助运输部门解决各种的困难，为移动车辆提供位置定位服务，以及实时的路况信息。对于绿色建筑领域来说，可以有效识别卡片的相关信息，对人员进行科学管控，并可以对照明系统、电气系统进行管理。

自动识别技术包括条形码识别技术和射频识别技术。

条形码识别技术是利用光电设备识读经过一定编码规则后的条码符号，从而实现机器设备的自动识别。条形码主要分为两类：一维条码与二维条码（即二维码）。

射频识别技术是20世纪80年代发展起来的一种非接触式的自动识别技术，常称为感应式电子晶片或近接卡、感应卡、非接触卡、电子标签、射频标签、射频识别、电子条码等。随着物联网概念的兴起，射频识别技术正在成为全球热门的技术。

2.2 传感器

人类为了从外界获取信息，必须通过感觉器官去感知认识世界。物联网使用传感器感知世界收集数据，所以物联网传感器可以看作电子感觉器官，即视觉感知用光传感，嗅觉感知用空气传感，触觉感知用温度传感，听觉感知用声音传感，味觉感知用化学传感。

2.2.1 传感器的概述

传感器是获取信息的关键器件，它是物联网中不可缺少的信息采集方式。传感器感受到被测的信息，并将信息转换成电脑系统能识别的信息形式，如图2-2所示。传感器分为压力传感器、温度传感器、湿度传感器、光传感器、磁性传感器等。

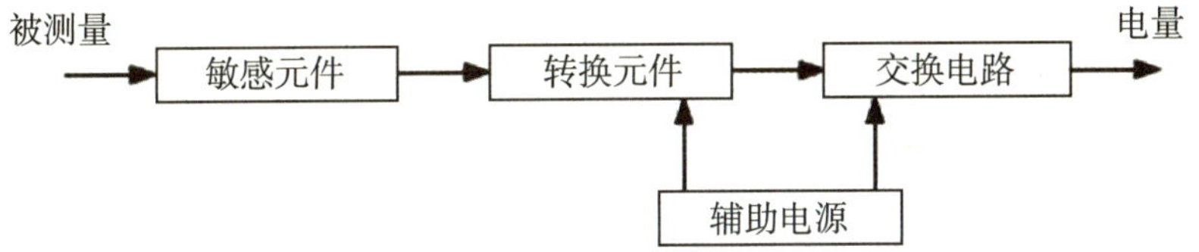

图2-2　传感器的工作原理

2.2.2 物联网的端设备

传感器一般存在于在物联网的端设备中，物联网的端设备一般由传感器、执行器、微控制单元和通信模组等组成。

一、传感器

在物联网端设备中，传感器起到了至关重要的作用。传感器能够感知和测量物体的属性，如温度、湿度、压力等，将这些数据转化为可识别的信号，并通过通信模块进行传输。

二、执行器

执行器负责接收指令并执行相应的动作，如打开/关闭、启动/停止等。

三、微控制单元

微控制单元（micro controller unit，MCU），是开发嵌入式系统的核心部件，也是常说的单片机。嵌入式系统（embedded system）是一种尺寸受限、功耗受限的特殊类型的计算机，小到手表，大到手机，都可以认为是嵌入式系统。物联网节点也是一种嵌入式系统，是一种具有通信能力的嵌入式系统。

四、通信模组

端设备的信息传输功能由通信模组完成，现在大多采用无线通信模组。无线通信模组，也可以叫无线通信模块，简单地说就是“芯片+软件”的融合体。无线通信模组是物联网中的通信基础，是物联网终端设备接入物联网的入口，为终端提供网络信息传输能力。

无线通信模组集成芯片，整合不同的网络制式（2G/3G/4G/5G/NB），满足不同的应用场景，提供稳定的硬件通信，简化应用厂商的工作；开发者不需要直接面对芯片和软件，只需要知道接入什么网络，在哪种系统上开发应用，然后直接购买现成的模组或者定制模组就可以了。

我国通信模组发展到现在，已经很成熟了。国内厂商主要有sim com、移远等，模组中使用的国内芯片主要是海思、展讯等，都是应用规模比较大的芯片。模组是上游芯片、下游应用之间的一座桥梁，在物联网中非常重要。

2.2.3 典型传感器的应用

一、接近传感器

物体之间的确切距离是接近传感器可以检测到的，这种传感器的应用范围非常大。确定接近度的方法取决于在每种给定情况下输入的众多因素，接近传感器的制造商可以在提供诸如电容、电感、超声和光电等传感器的不同基本技术之间进行选择。

二、红外传感器

红外传感器可以在两个方向上工作，检测外部红外辐射并在外部发射红外辐射。这种传感器可以通过捕获后者发出的热量来检测周围的物体。在生活中，物联网红外传感器广泛用于可穿戴设备（智能手表）以测量脉搏和血压。红外传感器的工业物联网应用意味着远程操作过热报警和非接触式温度测量。

三、湿度和气体传感器

湿度和气体传感器都可以检测到水或气体的泄漏，用于各种空气质量控制，能够监控室内和室外的生活条件变化。湿度和气体传感器对于空气质量控制和监测系统来说是必不可少的。

四、重量传感器

在建筑领域，电梯监测、质量监测等都需要用到重量传感器。如果没有物联网重量传感器，基于物联网的自动化在每个进行批量装载的行业都很难应对，超重检测、工件到位将无法实施。

五、振动传感器

物联网振动传感器作为工业振动诊断系统的一个组成部分，通过测量振动，可以及时发现机械设备的故障，预防机械设备的损坏，避免意外停机带来的生产损失。

六、温度传感器

每个自动灭火系统都包括温度传感器。用于公共场所的智能物联网解决方案离不开温度监控。温度传感器是房屋和运输车辆中现代加热和调节系统的基础。智能恒温器的本质就是应用温度传感器发送数据到温控设备。

七、液位传感器

全球变暖，海平面正在上升，水位监测对沿海地区变得至关重要。液位传感器构成水位数据运行到分析软件的主要数据收集器。通常，液位传感器广泛用于人们处理液体物质的许多领域，如汽车油箱的油量。

八、压力传感器

压力变化在人们生活中无处不在，如血压、轮胎压力、天气气压等，都可以用压力传感器来收集数据，便于做出对应的控制。

九、运动传感器

运动传感器综合应用超声波、微波、光伏和红外的工作原理进行运动检测，可用于安全报警、行为识别、手势控制等多个领域。

本章小结

感知是信创物联网的核心结构，是物联网信息来源的关键，是物联网各种应用的数据基础。在物联网中，先通过标识体系标识万物，再通过感知设备如摄像头、温度传感器、速度传感器、北斗定位系统、RFID 阅读器等完成信息收集，最后通过通信模组传递信息。

通过本章的学习，希望读者能够了解感知识别的相关标准，知道当前感知识别的相关技术，对感知识别的应用领域有总体了解。

第三章

信创物联网的基础设施——网络

网络是信创物联网最重要的基础设施之一，网络层是位于物联网四层结构中第二层的信息处理系统，其功能为“传送”，即通信网络将来自感知层的信息通过各种承载网络进行海量信息传输。承载网络作为纽带，连接着感知层和平台层。承载网络由各种私有网络、互联网、有线通信网和无线通信网、网络管理系统等组成，分别实现接入功能和传输功能，这相当于人的神经中枢系统。物联网网络可以划分为公网与专网，典型网络包括私有网络、专用网络、移动通信网、互联网、卫星通信网等，主要实现端系统之间的数据透明、无障碍、高可靠性、高安全性的传送以及更加广泛的互联功能。

3.1 蜂窝网络

早期的移动通信采用大区制的场强覆盖，即由一个基站覆盖一个较大的服务区，半径约为30～50 km。为了满足电波场强覆盖的要求，通常需要很大的发射功率和很高的天线塔。这种通信方式固然简单，但它的缺点也很明显：覆盖范围有限，数据容量有限，频道利用率低，硬件设备受限等。

为了克服大区制移动通信的缺点，提高系统容量和有效地利用频率资源，人们从蜂巢中受到启发并成功应用在实际中，提出了小区制蜂窝移动网络的说法。

蜂窝网络又称为移动网络，如图3-1所示。常见的蜂窝网络类型有移动通信和窄带物联网（narrow band internet of things，NB-IOT）。

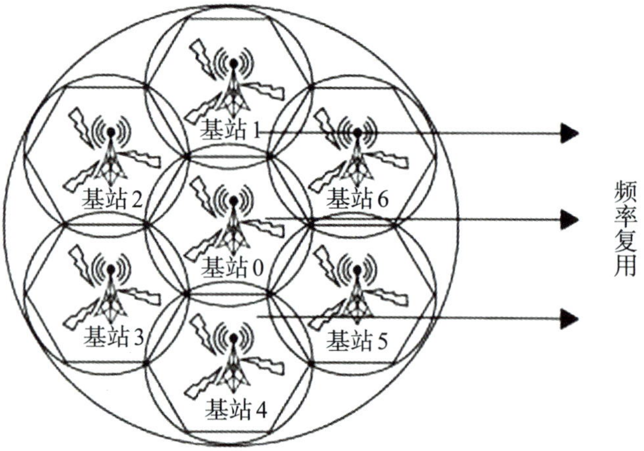

图3-1　蜂窝网络

3.1.1　移动通信技术

一、移动通信技术的分类

移动通信系统是指能够实现移动通信的技术系统，是现代通信中发展最为迅速的一种通信手段，由于大规模集成电路和微处理器的应用，大大促进了移动通信设备的小型化、自动化，并使系统向大容量和多功能发展。移动通信系统由空间系统和地面系统两部分组成。

移动通信有不同的分类方法。按使用对象分，可分为军用、民用；按用途和区域分，可分为陆上、海上、空间；按经营方式分，可分为公众网、专用网；按接入网形式分，可分为单区制、多区制、蜂窝制；按信号性质分，可分为模拟、数字；按无线电频道方式分，可分为同频单工、异频单工、异频双工。

二、移动通信技术的发展

（一）第一代移动通信技术（1G）——模拟移动通信系统

第一代移动通信技术的发展是从1946年美国使用150 MHz单个汽车无线电话开始到20世纪90年代初，由于在调制前信号都是模拟的，也称模拟移动通信系统。模拟移动通信系统的主要特征为模拟技术，可分为蜂窝、无绳、寻呼和集群等多种系统，每种系统是互不兼容的技术体制。第一代移动通信技术的发展主要分为三个阶段，见表3-1。

表3-1 第一代移动通信技术发展的三个阶段

阶段	时间	特点
初级阶段	1946年到20世纪60年代中期	这一阶段移动通信的主要特点是容量小、用户少、人工切换；设备都采用电子管，体积大、能耗高
中级阶段	20世纪60年代中期到20世纪70年代中期	这一阶段模拟移动通信系统有了较大的发展，如美国的改进型汽车电话系统。这一阶段的特点是实现了用户全自动拨号，采用了晶体管技术，使得设备体积变小、功耗降低，频段由原来的30MHz、80MHz发展到150MHz、450MHz。公安、消防、交通、新闻等行业出现了大量的专用移动通信系统
大规模发展阶段	20世纪70年代中期到20世纪80年代末	这一阶段出现了“蜂窝”系统，提高了系统容量和频率利用率。大规模集成电路和微机、微处理器的大量应用使系统功能更强，移动台更加小型化，功耗更低，话音质量大幅度提高。频段从450 MHz发展到900 MHz，频带间隔减小，提高了信道利用率

（二）第二代移动通信技术（2G）——GSM、CDMA、GPRS

1. GSM

随着设备的开发和数字蜂窝移动通信网的建立，GSM（全球移动通信系统，global system for mobile communications）逐步成为欧洲数字蜂窝移动通信系统的代名词。GSM是一个当前由3GPP（第三代合作伙伴计划，3rd generation partnership project）开发的开放标准。

GSM网络由四部分组成：移动台（mobile station，MS）、交换子系统（network switching subsystem，NSS）、基站子系统（base station subsystem，BSS）和操作与维护子系统（operations and maintenance subsystem，OMS），如图3-2所示。

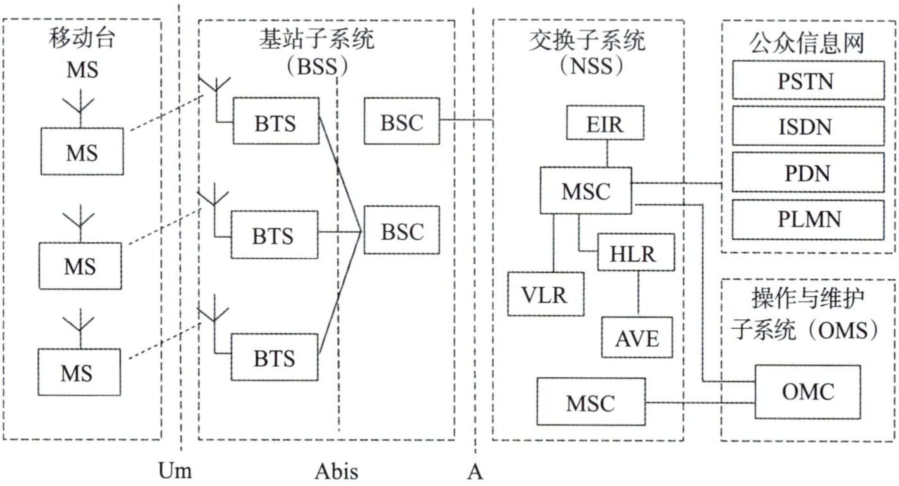

图3-2 GSM网络

2. CDMA

CDMA（码分多址，code division multiple access）是在扩频通信技术上发展起来的一种无线通信技术。截至2012年，全球CDMA2000用户已超过2.56亿，遍布70个国家的156家运营商已经商用3GCDMA业务。

3. GPRS

GPRS（通用分组无线服务技术，general packet radio service）以封包（packet）方式来传输数据，传输速率可提升为56 kB/s至114 kB/s。GPRS介于第二代（2G）和第三代（3G）移动通信技术之间，被称为“2.5G通信技术”。

（三）第三代移动通信技术（3G）

第三代移动通信有W-CDMA、CDMA2000和TD-SCDMA，其技术比较，见表3-2。

表3-2 W-CDMA、CDMA2000和TD-SCDMA技术比较

	W-CDMA	CDMA2000	TD-SCDMA
信道带宽	5/10/20 MHz	1.25/5/10/15/20 MHz	1.2MHz
Chip速率	N×3.84 Mcps	N×1.2288 Mcps	1.28 Mcps
帧长	10 ms	20 ms	10 ms
FEC编码	卷积码（r=1/2，1/3，m=9） RS码（数据）	卷积码（r=1/2，1/3，3/4；m=9） Turbo码（数据）	卷积码（r=1/4～1，m=9）RS码（数据）
交织	卷积码：帧内交织 RS码：帧间交织	块交织	卷积码：帧内交织 RS码：帧间交织
扩频	Walsh+Gold序列	Walsh+M序列	Walsh+PN序列
调制	数据调制：QPSK/BPSK 扩频调制：QPSK	数据调制：QPSK/BPSK 扩频调制：QPSK/OQPSK	DQPSK/16QAM
相干解调	专用导频信道	前向：公共导频信 反向：专用导频信道	专用导频信道
双工方式	FDD-TDD	FDD	TDD
多址方式	DS-CDMA	DS-CDM，MC-CDMA	TD-SCDMA
功率控制	FDD：开环+快速闭环 TDD：开环+慢速闭环	开环+快速闭环	开环+快速闭环
基站间同步	异步，同步（可选）	同步（GPS）	同步（GPS或其他）

（四）第四代移动通信技术（4G）

4G即LTE（long term evolution，长期演进），是由3GPP组织制定的UMTS（通用移动通信系统，universal mobile telecommunications system）技术标准的长期演进。2004年12月开始起草，2008年发布LTE第一个版本的系统技术规范本——3GPPR Release8。

3GPP标准化组织最初制定LTE标准时，定位为3G技术的演进升级，是3G与4G技术之间的一个过渡，是3.9G的全球标准。但LTE技术的发展远

超预期，LTE的后续演进版本Release10/11（即LTE-Advanced增强型LTE）被确定为4G标准。

LTE采用OFDM（正交频分复用，orthogonal frequency division multiplexing）和MIMO（多输入多输出，multi-input and multi-output）、快速分组调度、链路自适应等关键技术，提高频谱效率和数据传输速率，形成了新的面向下一代移动通信系统的空中接口技术，如图3-3所示。演进到LTE-Advanced时，引入了载波聚合技术、增强型多天技术、无线网络编码技术和MIMO增强技术等，使性能得到更大的改善。

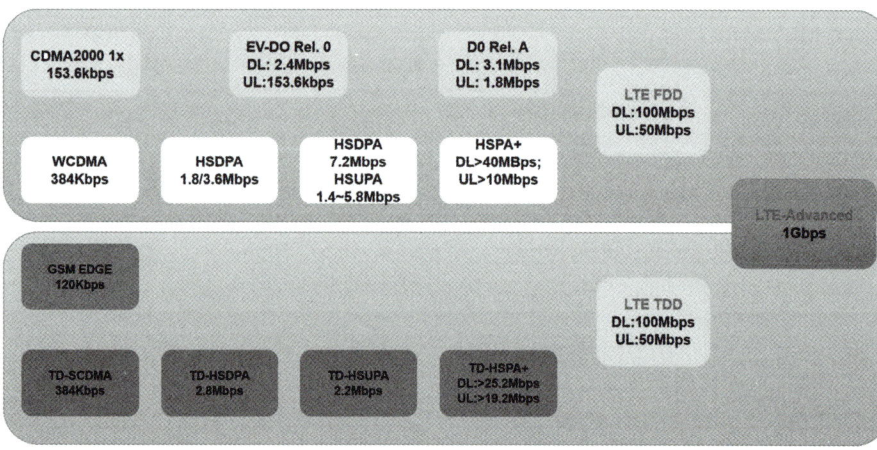

图3-3　LTE演进过程图

（五）第五代移动通信技术（5G）

第五代移动通信技术，也称第五代移动通信标准，是新一代信息通信的发展方向。

由于部署新的网络投资巨大且要分别部署这两部分，所以3GPP分为了两种方式进行部署：SA（独立组网，stand alone）和NSA（非独立组网，non-standalone）。5G的网络架构：5G接入网和5G核心网，其中（nest）NG-RAN代表5G接入网（NR），5GC（core）代表5G核心网（NGC）。如图3-4所示。

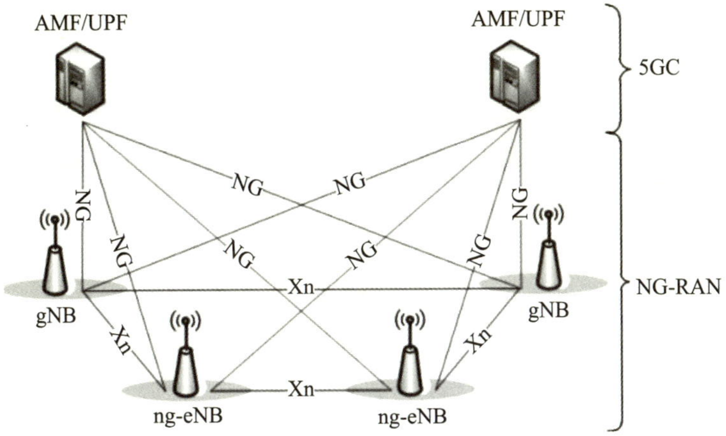

图3-4　5G的网络架构

在2016年6月制定的标准中，3GPP共列举了Option1、Option2、Option3/3a、Option4/4a、Option5、Option6、Option7/7a、Option8/8a等8种5G架构选项。其中，Option1、Option2、Option5和Option6属于独立组网方式，其余属于非独立组网方式。

在2017年3月发布的版本中，优选了（并同时增加了2个子选项3x和7x）Option2、Option3/3a/3x、Option4/4a、Option5、Option7/7a/7x等5种5G架构选项。独立组网方式还剩下Option2和Option5两个选项。

综上所述，移动通信技术的演进路标，如图3-5所示。

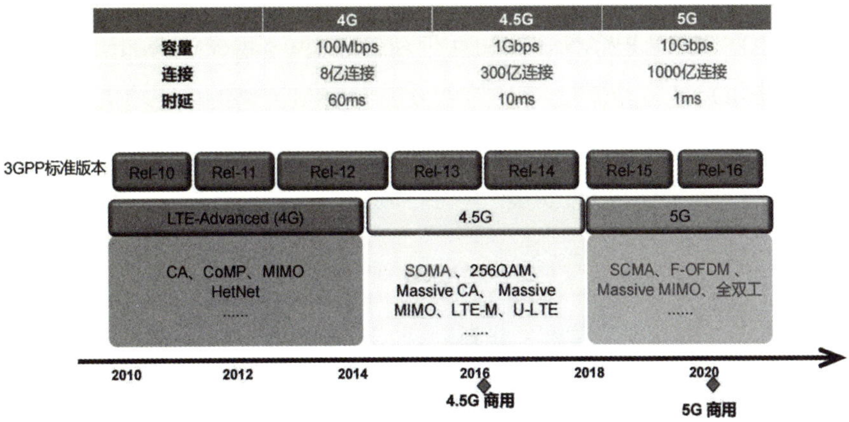

图3-5　移动通信技术演进路标

三、万物互联

迈入智能时代，除了手机电脑等上网设备需要使用网络以外，越来越多需要通过5G的互联性来保障这些设备成为智能设备的可能，如图3-6所示。

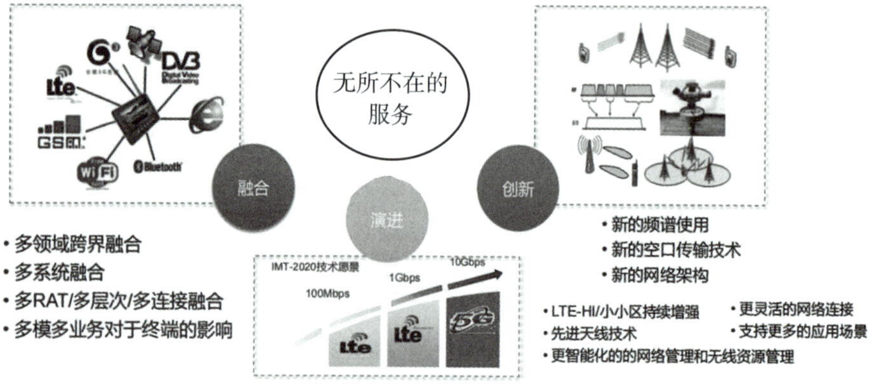

图3-6　万物互联

3.1.2　窄带物联网

窄带物联网（NB-IOT）为了和现在的移动网络兼容，主要基于LTE技术。NB-IOT可部署在LTE、GSM、UMTS网络上，实现平滑升级，降低部署成本。由于NB-IOT部署方便、占用资源少，并具有蜂窝网覆盖广泛的特点，使其有着更广泛的应用前景，成为“万物互联”的一个重要分支。

NB-IOT属于LPWAN（低功耗广域网，low-power wide-area network）范畴，NB-IOT的一个基站可以提供10倍于GSM网络的面积覆盖，180kHz的频率宽度可以提供10万台设备连接，因此可将NB-IOT的优势概括为覆盖广、成本低、海量连接、低功耗。

一、NB-IOT简介

2013年，华为与运营商、设备厂商、芯片厂商一起达成了推动窄带蜂窝物联网产业发展的共识，正式开始研究NB-IOT。NB-IOT技术要既能做到终端低成本低功耗，又能够和LTE网络共同部署。

二、NB-IOT技术特点

（1）网络接入量大。NB-IOT的上行容量是2G、3G、4G网络的50～100倍，在同一基站的情况下，NB-IOT的网络接入量是现有无线网络的50～100倍。

（2）覆盖范围广。NB-IOT的增益比LTE提升20 dB，覆盖能力提升了100倍。

（3）超低功耗。NB-IOT适用于小数据量、小速率的应用，设备功耗非常小。另外，NB-IOT引入了超长DRX（非连续接收，discontinuous reception）省电技术和PSM（脉冲跨周期调制模式，pulse skip modulation）状态。NB-IOT可以让设备时时在线，通过减少不必要的信令和在PSM状态时不接收寻呼信息来达到省电的目的，保证电池有5年以上的使用寿命。

（4）成本低。速率低不需要大缓存，低功耗不需要复杂的均衡算法等，这些因素使得NB-IOT芯片的尺寸做得比较小，尺寸越小，成本越低。

（5）稳定可靠。可以单独使用180 kHz带宽，不占用语音和数据带宽，保证传统业务和未来物联网业务可同时运行。NB-IOT直接部署于LTE、GSM、UMTS等网络，与现有网络基站复用，降低部署成本。

（6）占用资源少。NB-IOT占用180 kHz带宽，这与在LTE帧结构中一个资源块的带宽是一样的。

三、NB-IOT在物联网的应用案例：智能抄表

伴随着我国社会发展的信息化和能源结构的变化，水表、电表、气表和热表早已进到千家万户，但是传统的机械式的水电气热表要靠人工上门进行月度抄表。“一户一表”的推进和人力成本快速上升，导致抄表任务越加繁重、抄表费用剧增，且存在人工抄表上门难、数据记录错误、高成本低效率、管理维护烦琐、缴费不方便等缺点。

因而，NB-IOT远程抄表系统便随之诞生，它解决了人工抄表等一系列难题，不仅效率高，更具安全性，客户缴费更为方便快捷。NB-IOT智能物联网水电气热表作为一种智能化无线远传系统，是在原有机械式表的基础上加装无线电子模组，通过先进的蜂窝通信技术来实现水电气热数据的无

线传输，具有强穿透、广覆盖、低功耗、大连接的技术特点。装载在水电气热表上的无线电子模组可以实时准确读取水电气热表的计量数据，并通过无线传送的形式将计量数据传输到智能抄表系统。

基于NB-IOT的智能抄表系统软件的核心由含有NB-IOT控制模块的水电气热表、通信基站、NB-IOT核心网、NB-IOT管理服务平台、手机客户端互联网智能管理系统、集抄智能管理系统等组成。水电气热表将收集的水电气热使用量信息内容和本身情况信息内容提交至NB-IOT核心网和物联网技术云服务平台，另外还可以接收来源于云服务平台的操纵信息内容。手机客户端互联网智能管理系统从NB-IOT管理云服务平台获得抄收到的住户水电气热信息内容，监管各住户的即时应用状况；水电气热企业根据检测到的数据信息，可对客户的自来水、电、气和热开展即时台阶价格调整，向住户推送每个月的需求量和扣费等信息。

在当前我国不断加强电网建设的形势下，国内智能电表行业将继续保持稳定增速，预计未来五年我国新一代的物联网以及NB-IOT智能水电气热表将新增5亿台。

3.1.3 SIM卡

一、SIM卡简介

用户身份识别模块（subscriber identification module，SIM）卡是第2代蜂窝移动通信GSM的产物，最初应用在GSM数字移动电话机上，用于存储移动通信用户的身份识别数据、短信息和电话号码等，并实现与移动通信网络间的身份认证和鉴权。SIM卡主要用于GSM、WCDMA、TD-SCDMA和LTE网络。CDMA2000和CDMAOne网络中使用的RUIM（可移动用户识别模块，removable user identity module）卡和UIM（用户识别模块，user identity module）卡在软件标准、电器特性、物理硬件要求等方面都与SIM卡相同，只是由于网络鉴权方式不同，在应用实现上存在一定的差异，其也可称为SIM卡。

SIM卡是移动通信中不可或缺的组成部分，在物联网解决方案中，物理设备移动上网也需要使用SIM卡。

SIM卡接触芯片包裹在保护塑料中，是标准SIM卡最重要的部分。该芯片包括5个模块：微处理器（central process unit，CPU）（8位）、数据存储器（electrically erasable programmable read only memory，EEPROM）（128～256 kbit）、串行通信单元、程序存储器（read-only memory，ROM）（3～8kbit）、工作存储器（random access memory，RAM）（6～16 kbit）。SIM卡在与手机连接时，最少需要5条连接线：电源（VCC）、复位（RST）、时钟（CLK）、接地端（GND）、数据I/O口（I/O），如图3-7所示。

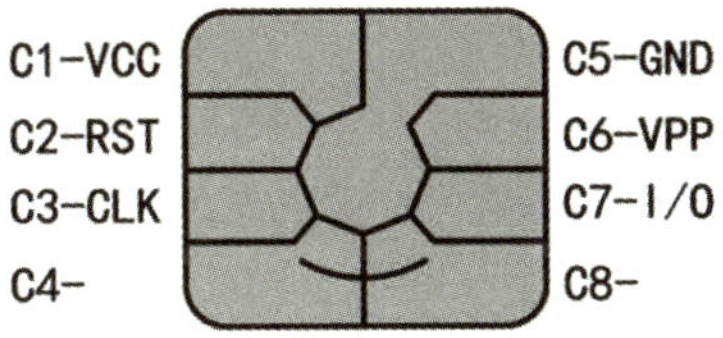

图3-7 SIM卡对外接口

二、SIM卡的发展

1991年SIM卡诞生之时，是与信用卡同样大小的卡片，被称为第一代标准SIM卡，如图3-8（a）所示；第二代标准的Mini SIM卡，诞生于1996年，国内用户俗称的大卡，如图3-8（b）所示；第三代标准的Micro SIM卡，于2003年开始流行，俗称小卡，如图3-8（c）所示；第四代标准的Nano SIM卡，产生于2012年，是由苹果公司最早提出并使用的，如图3-8（d）所示。

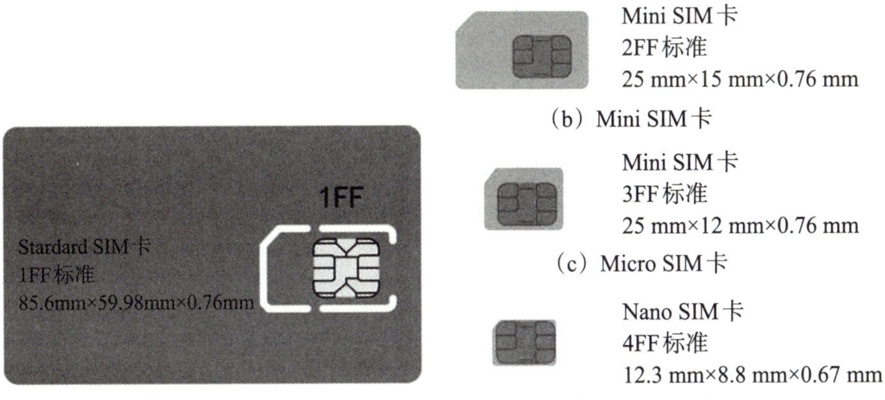

（a）第一代标准SIM卡

（b）Mini SIM卡

（c）Micro SIM卡

（d）Nano SIM卡

图3-8 不同SIM卡的规格

SIM卡的功能都是相同的，为了适应设备的小型化，它也变得越来越小。早期移动电话中使用的原始信用卡大小的SIM卡（1FF）已不再使用。在物联网部署中，根据设备类型、环境条件、网络标准和所需数据速度等因素，形状因素比其他因素更有效。当连接的设备必须在各种极端温度或恶劣条件下工作时，最好选择工业级SIM卡。

随着技术的发展，对SIM卡外部环境的适配性要求更高，对SIM卡寿命的要求更长，对SIM卡尺寸的要求更小，因此从插拔式的SIM卡演进到嵌入式的SIM卡（eSIM）和vSIM卡。

（一）嵌入式SIM卡

eSIM卡即嵌入式SIM，eSIM卡的本质还是SIM卡，是一颗直接嵌在电路板的可编程的集成电路，比Nano还要小上几倍。eSIM卡具有可编程特性，支持通过OTA（空中写卡，over-the-air technology）方式进行远程配置，更新运营商配置文件，实现网络切换。eSIM卡给用户带来全新体验：不必再来回插拔SIM卡，直接通过与终端交互，通过APP或者云端，即可在全球范围内将终端智能设备连接到所选择的网络上，且可动态切换，使设备始终处于可靠的网络中。通过这种方式，eSIM卡增强了用户体验，为设备的管理分配带来极大便利，如图3-9所示。

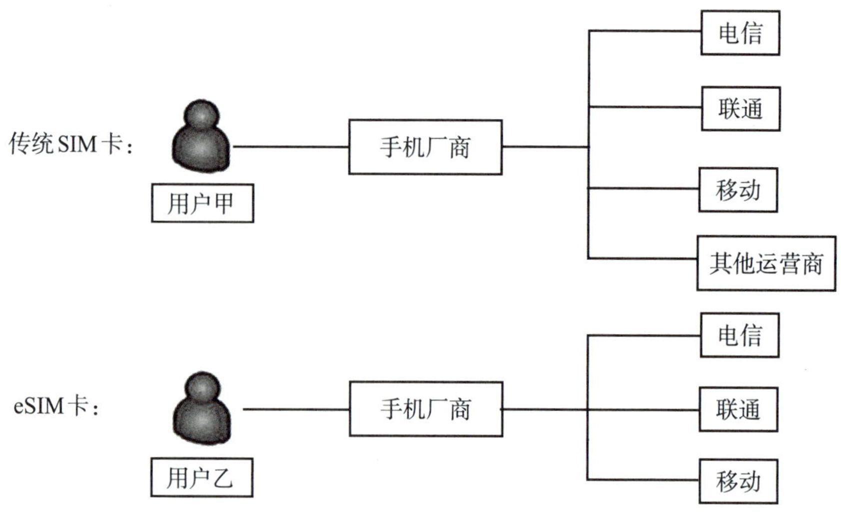

图3-9　eSIM卡

（二）vSIM卡

virtual-SIM卡是eSIM卡的进一步演进，继承了eSIM卡的功能，无须卡体，直接依托通信模块自身软硬件实现通信。vSIM卡功能的通信模块，配合为vSIM特殊定制的底层软件，实现了内置加密存储数据等。解除了用户和运营商的直接绑定，对用户来说，可以像切换Wi-Fi一样简单。

三、SIM卡在物联网的应用案例：无线移动POS机

POS（终端销售，point of sales）是一种配有条码或OCR（光学字符识别，optical character recognition）码技术的终端阅读器，有现金或易货额度出纳功能。POS的主要任务是通过CDMA、GPRS、TCP/IP等方式与数据服务器连接，对商品交易提供数据服务和管理功能，并进行非现金结算。

3.1.4　LTE

一、LTE概述

（一）1.1LTE的发展历程

1G（第一代移动通信技术）制定于20世纪80年代，它是以模拟技术为基础的蜂窝无线电话系统，归属模拟移动网。1G无线系统在设计上只能传输语音流量，保密性差，容易出现并机盗打的现象，并受到网络容量的限制。AMPS（高级移动电话系统，advanced mobile phone system）为1G网络的典型代表。20世纪80年代，“大哥大”就是1G模拟网络的典型用例。

2G网络有别于1G的模拟通信方式，是最早出现的数据移动通信技术，以数字语音传输技术为核心，开启了数字通信之路，典型的代表为GSM。GSM是基于FDD和TDMA技术实现的，受限于TDMA的局限性，在容量和服务质量方面较为严峻。采用GPRS/EDGE技术引入数据业务，但由于采用GSM原有的空口，整体带宽受限，仅能提供有限的数据服务，如文字简讯、短信、早期的WAP网等。2000年左右，诺基亚手机就是2G网络的典型用例。

3G即IMT-2000，是在2G的基础上进行演进而来（GSM结合2G后期的IS-95在引入的CDMA技术的基础上演进为WCDMA和TD-SCDMA；IS-95单独演进为CDMA 2000），是一种真正意义上的宽带移动多媒体通信系统。3G网络提供更高频宽和稳定的传输，使得视频电话和大量数据传送更为普遍，移动通信也有更为多样化的应用。催发无线通信和互联网的结合，形成多媒体互联网，智能手机和平板电脑得以面世并迅猛发展。3G网络中的WCDMA后续在R4版本中引入了IMS，在R5版本中引入了HSDPA，在R6版本中引入了HSUPA，在R7版本中引入了HSPA+，为4G网络的演进提供基础。

4G是LTE由3GPP组织制定的UMTS技术标准的长期演进。

通信发展的整体历程及LTE演进历程，如图3-10所示。

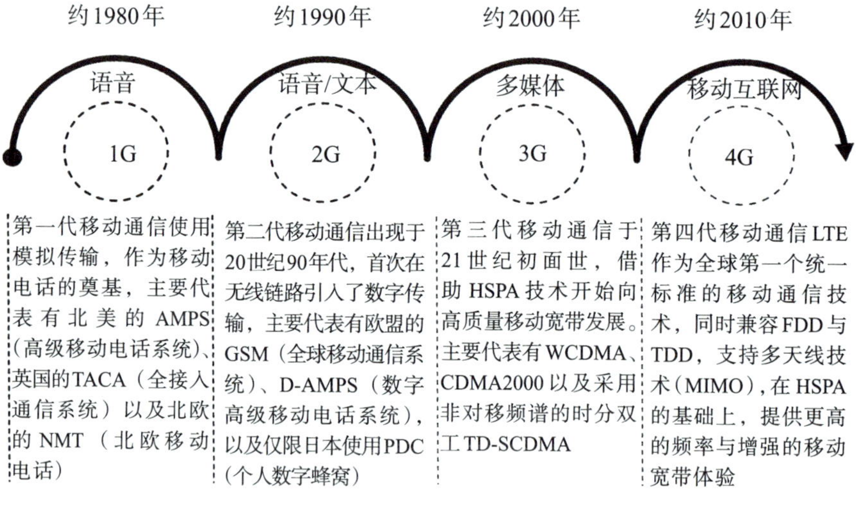

图3-10 通信发展历程

（二）标准化组织与架构

1. 3GPP组织介绍

移动通信成功的关键在于存在被许多国家认可的技术规范和标准，保证不同厂家生产的通信基础设施和终端可以互通互操作，以及终端在全球范围内的可用性。全球化的移动通信技术规范和标准有利于终端市场的多样性，催生出大量的终端厂家，同时压降终端的生产成本，有利于整理通信系统的上下游相关产业生态链的发展。

与此同时，一个平行的组织3GPP2也同步成立，致力于制定3G技术的替代技术——CDMA。随着3GPP逐步占据主导并进一步延伸到LTE的技术定制，3GPP2逐渐退出了历史的舞台。3GPP成为目前世界上制定移动通信技术规范的唯一的重要组织。

在3GPP的组织架构（图3-11）中，项目协调组（PCG）是最高管理机构，负责全面协调工作；技术方面的工作由技术规范组（TSG）完成。

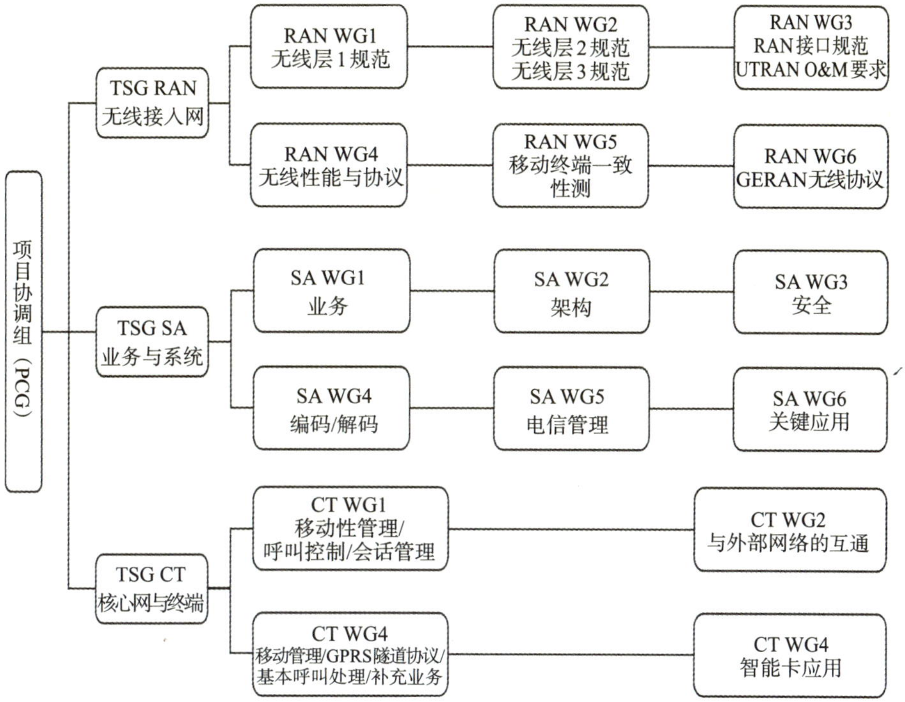

图3-11 GPP的组织架构

2. ITU-R组织介绍

ITU-R是国际电联（International Telecommunication Union，ITU）的无线通信部门，负责确保所有无线通信服务都能够有效地、经济地使用无线频谱。ITU-R下属6个研究组，通过对无线电规则和区域性协议的执行，确保无线通信系统能够无干扰地工作。6个研究组的分工情况如下：SG1——频谱管理；SG3——无线电波传播；SG4——卫星业务；SG5——地面业务；SG6——广播业务；SG7——科学业务。

3. 3GPP与ITU-R的关系

由于移动通信技术的技术规范是由3GPP完成的，如WCDMA/LTE等，但3GPP的成员并没有囊括全球所有的标准化组织（Standards Developing Organization，SDO）所涵盖的国家。同时，一些3GPP以外的SDO也在制定相关的通信标准，如IEEE（电气与电子工程师协会，Institute of Electrical and Electronics Engineers）制定的WiMAX/IEEE802.16m等。ITU-R就负责将这些符合要求的技术转为全球标准。其中，ITU-R的5D工作组（WP5D）负责IMT（国际移动电信，International Mobile Telecommunications）陆地部分的相应工作，如IMT-2000即第三代移动通信系统，而WCDMA/TD-SCDMA等只是IMT-2000中的一个RIT（无线接口技术，radio interface specification）。

同样，作为第四代移动通信系统的IMT-Advanced中目前有两种RIT符合要求，即LTE-Advanced和Wireless MAN-Advanced，如图3-12所示。只是在市场的竞争中，由3GPP主导的LTE-Advanced逐步成为4G技术的主导。

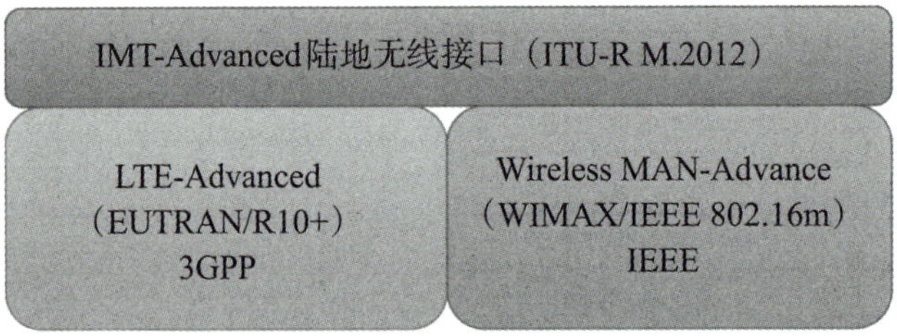

图3-12　IMT-Advanced线接口技术

（三）LTE的特点

LTE采用扁平化的系统构架、OFDM、多天线MIMO、高阶解调等新技术，在提高频谱效率、降低网络时延、灵活频率组网、提升网络速率等方面具有显著的特点，具体情况如下。

（1）带宽灵活配置：支持1.4 MHz，3 MHz，5 MHz，10 MHz，15 MHz，20 MHz。

（2）峰值速率（20 MHz带宽）：下行100 Mbps，上行50 Mbps。

（3）支持增强型MBMS（E-MBMS）。

（4）取消CS域，CS域业务在PS域实现。

（5）低成本建网，系统结构简单化。

（6）用户面延时小于5 ms，控制面延时小于100 ms。

（7）能为速度>350 km/h的用户提供100 kbps的接入服务。

（8）兼容TDD与FDD两种双式模式。

二、LTE的系统架构

（一）无线接入网架构

与传统2G/3G网络比较，LTE的网络结构更加简单扁平，降低组网成本，增加组网灵活性，并能大大减少用户数据和控制信令的时延。

无线接入网络承上启下，连接核心网和终端设备，实现移动通信业务的覆盖，是移动通信系统的关键组成部分。LTE无线网络中只有一种网元——基站e-NodeB（简写eNB），提供用户面和控制面。e-NodeB间通过X2接口相互连接，支持数据和信令的直接传输。S1接口连接e-NodeB与核心网EPC。其中，S1-MME是e-NodeB连接MME（移动管理节点，mobility management entity）的控制面接口，S1-U是e-NodeB连接S-GW的用户面接口。

1. e-NodeB

在E-UTRAN架构中，e-NodeB作为关键网元，如图3-13所示。

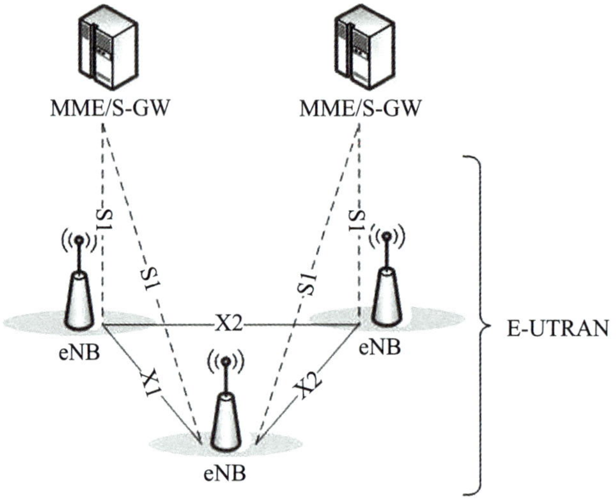

图3-13　E-UTRAN架构

2. Uu接口

Uu接口是位于终端与基站之间的空中接口。在这中间，终端会跟基站建立信令连接与数据连接。用户面与控制面在底层架构上一致，控制面在上层多加了NAS非接入层与RRC无线资源控制层，如图3-14所示。

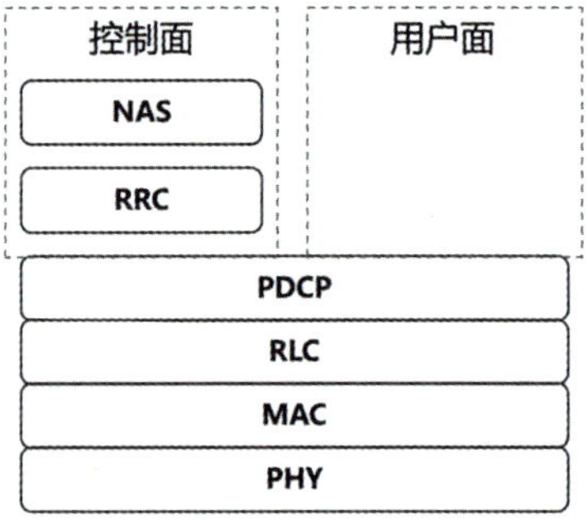

图3-14　Uu接口协议栈

信令连接叫作RRC Connection，相应的信令在SRB上进行传输。SRB有三类，分别是SRB0，SRB1和SRB2。SRB可以理解为是传输信令的管道，或者是载体。

数据连接是逻辑信道，相关的数据在DRB上传输。

信令连接和数据连接是终端与网络进行通信所必不可少的。

3. X2接口

在2G/3G的网络架构中，基站间没有直接接口，只有RNC之间的Iur接口。而LTE取消了RNC网元，基站之间新增X2接口，用于eNB（基站）和eNB之间的连接，在用户面上提供基于IP的不可靠业务数据链接（UDP/IP+GTP-U），在控制面上基于IP的可靠信令传输（IP+SCTP）。X2AP作为X2的控制面信令协议。

X2接口的协议分为用户面协议和控制面协议，整体构架如图3-15所示。

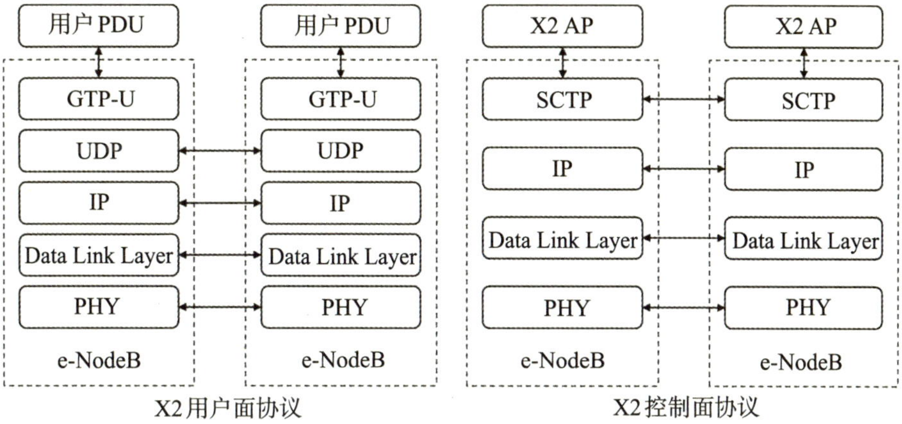

图3-15　X2接口协议栈

X2接口为用户面提供了业务数据的基于IP传输的不可靠连接，而为控制面提供了信令传送的基于IP的可靠连接。

X2接口控制面也基于IP传输，但它利用了SCTP（流控传输协议）为IP分组网提供可靠的信令传输。SCTP的设计是为了解决TCP/IP网络在传输实时信令和数据时所面临的不可靠传输、时延等问题。

X2接口控制面的主要功能是支持在LTE系统内，UE在连接状态下从一个e-NodeB切换到另一个e-NodeB的移动性管理。X2接口控制面没有系统间切换的功能，只是LTE系统内的移动性管理。

X2接口控制面还可以对各e-NodeB之间的资源状态、负责状态进行监测，用于e-NodeB负载均衡、负荷控制或者准入控制的判断依据。此外，还负责X2连接的建立、复位、e-NodeB配置更新等接口管理工作。

4. S1接口

S1接口连接eNB和核心网时，用户同连接向SGW，控制面连接向MME，也是建立在IP基础上，与X2架构基本一致。用户平面上用GTP-U协议来携带用户面的PDU，不是面向连接的可靠传输。控制平面上为支持可靠信令传输，在IP层上添加了SCTP。新增S1AP作为S1的应用层信令协议。整体协议架构，如图3-16所示。

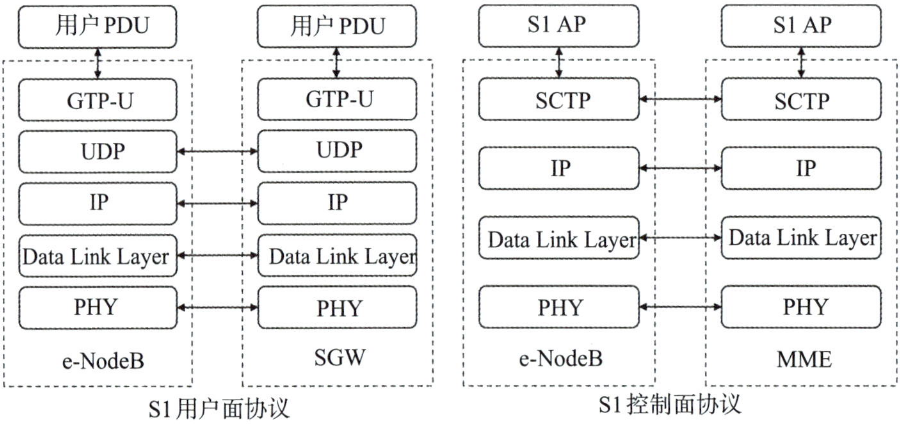

图3-16　S1接口协议栈

S1控制面的主要功能是建立与核心网的承载连接，即SAE承载管理功能，包括SAE承载建立、修改和释放。

S1移动性管理不仅包括LTE系统内的切换，还包括系统间切换。例如，处于连接状态的UE从LTE覆盖区域移动到WCDMA覆盖区域，S1控制面接口助力UE完成系统间切换。

S1接口还支持寻呼功能、NAS信令的传输功能、S1接口的管理功能等。

综上所述，在用户平面与控制平面的相关数据流程略有差异，整体的信息传递流程如图3-17所示。

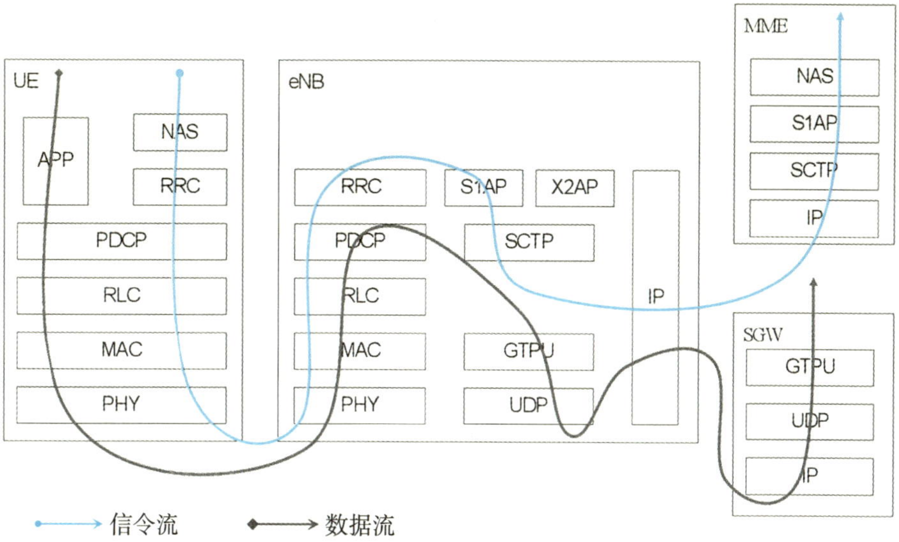

图3-17　信息流传递流程

（二）核心网架构

LTE的核心网（evolved packet core，EPC）主要由MME，SGW，PGW，HSS和PCRF组成，如图3-18所示。

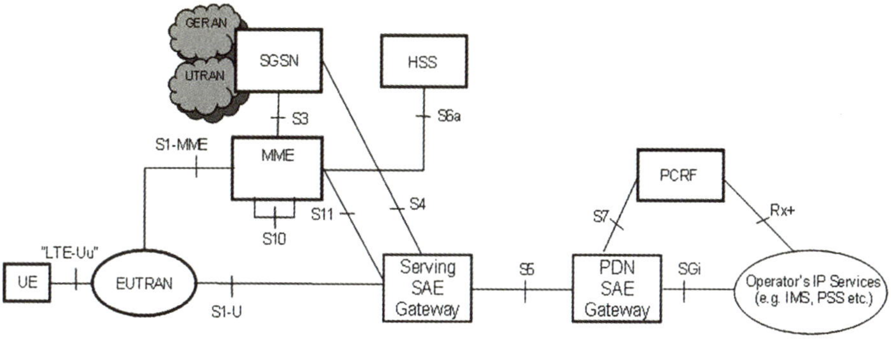

图3-18　LTE核心网架构

每个网元的主要功能如下。

1. MME

MME（信令实体，mobility management entity）是核心网中最重要的实体之一。

NAS（网络接入服务器，network access server）信令指的是三层信令，包含EMM，ESM和NAS安全；移动性管理主要有寻呼、TAI管理和切换；承载控制主要是EPS承载（bearer）的建立、修改、销毁等。

2. SGW

SGW是serving gateway的缩写，负责处理用户的业务，用来完成移动数据业务的承载。SGW相当于数据业务的中转站。

3. PGW

PGW是PDN gateway的缩写，其中PDN是packet data network的缩写，PGW的主要功能如下。

（1）分组数据过滤：为了使互联网的各种业务能够分配给不同的承载，PGW提供针对每一个SDF和每一个用户的包过滤功能。

（2）UE的IP地址分配：PGW可以简单地理解为互联网，这是整个LTE架构与互联网的接口处，UE如果想访问互联网就必须途经PGW实体，而PGW想要访问互联网的话，必须有IP地址，所以PGW负责了UE的IP地址的分配、IP路由和转发的工作。

（3）上下行计费及限速：按运营商的经营策略，根据用户和服务进行不同的计费和不同的策略，不同运营商间会存在差异。

4. HSS

HSS（归属用户服务器，home subscriber server）是存在于核心网中的一个数据库服务器，存放着所有属于该核心网的用户的数据信息。当用户连接到MME的时候，用户提交的资料会和HSS数据服务器中的资料进行比对来进行鉴权。

5. PCRF

PCRF（策略与计费规则，policy and charging rules function）会根据不同的服务制定不同的PCC计费策略

LTE各关键网元功能及组织关系，如图3-19所示。

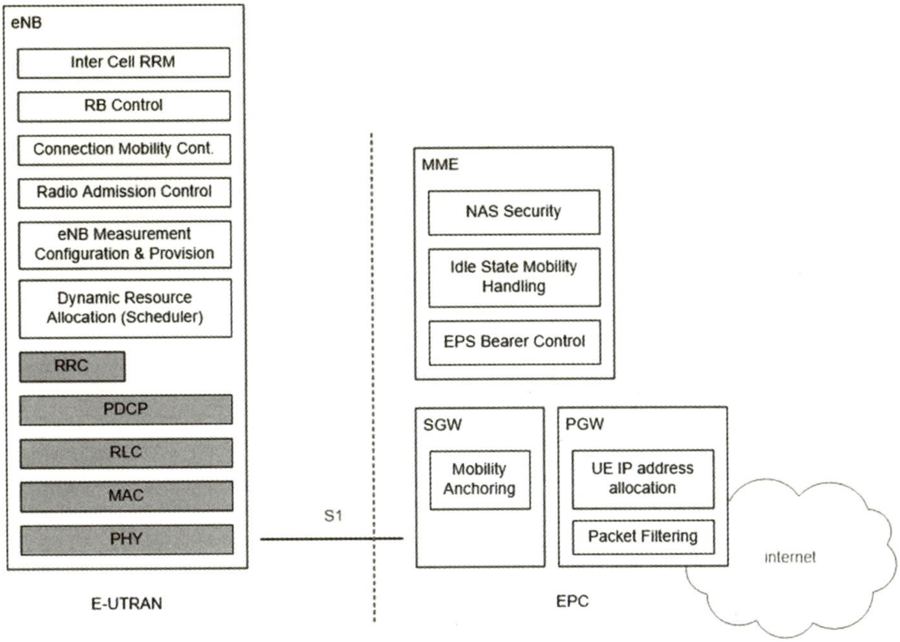

图3-19　LTE各网元功能

6. LTE的异网融合

SAE架构体系下，LTE网络与2G/3G核心网之间融合架构，如图3-20所示。控制平面LTE的MME与UMTS/GPRS通过SGSN进行融合互通。用户平面上，与UMTS/GPRS的融合互通通过SGW来实现；与CDMA2000的融合互通通过PGW与PDSN来实现。

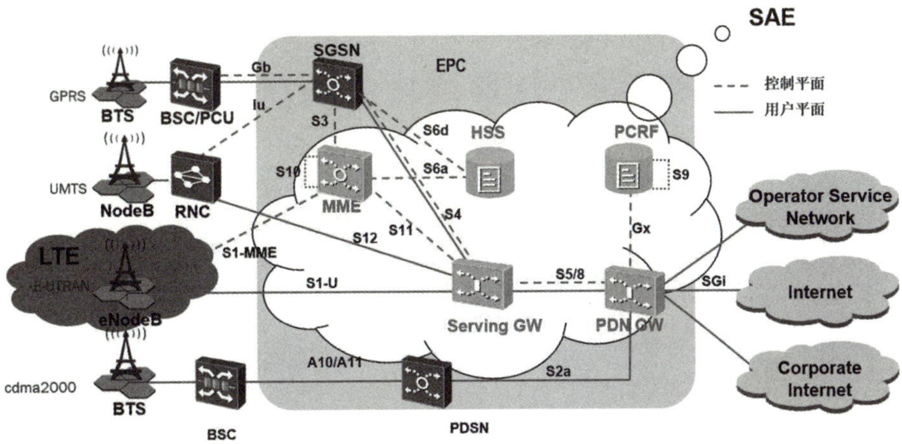

图3-20　LTE核心网的异网融合架构

这里所阐述的融合互通是指数据业务层面的。语音业务需要通过IMS系统进行融合，其中又涉及LTE语音是否部署VOLTE，或使用CSFB回落方式而存在差异，还涉及融合的网络制式不同引发的差异。例如CD-MA2000，在语音业务层面上与LTE无法互通，普遍采用单卡双待的方式实现早期未部署VOLTE前的语音衔接。故而，此处的融合互通仅针对数据业务，语音业务不具体展开。

（三）LTE协议架构

1. 用户平面协议栈

用户平面协议栈由4个协议层组成：PDCP（分组数据汇聚，packet data convergence protocol）层，RLC（无线链路层控制，radio link control）层，MAC（媒体访问，media access control）层以及PHY（物理，physical）层。其中，PHY层（物理层）归属为L1层（层1），PDCP/RLC/MAC归属为L2层（层2）。如图3-21所示。

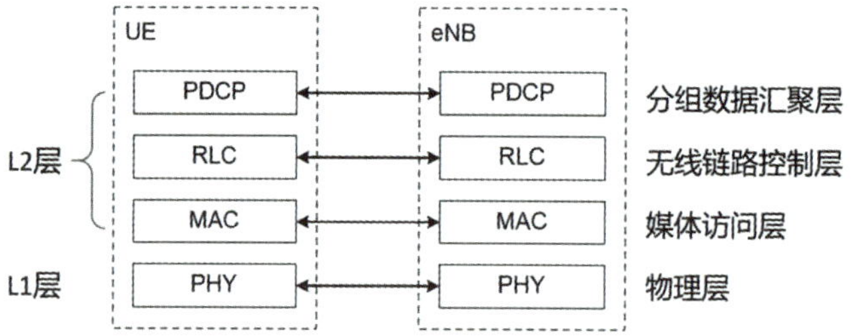

图3-21　用户平面协议栈

PHY层：负责处理编译码、调制解调、多天线映射以及其他电信物理层功能。和硬件紧密相关，需要协同工作。

MAC层：负责处理HARQ重传与上下行调度。作为L2层最核心与关键的功能，重传和调度的性能优劣，对整体速率的提升起到非常重要的作用。

RLC层：负责对高层数据的顺序传送和分段与连接、重传处理。

PDCP层：负责执行头压缩以减少无线接口必须传送的比特流量。

2. 控制平面协议栈

控制平面协议栈主要包括NAS（非接入层，non-access stratum）、RRC

（无线资源控制，radio resource control）层、PDCP层、RLC层、MAC层、PHY层。NAS/RRC层归属为L3层（层3）。如图3-22所示。

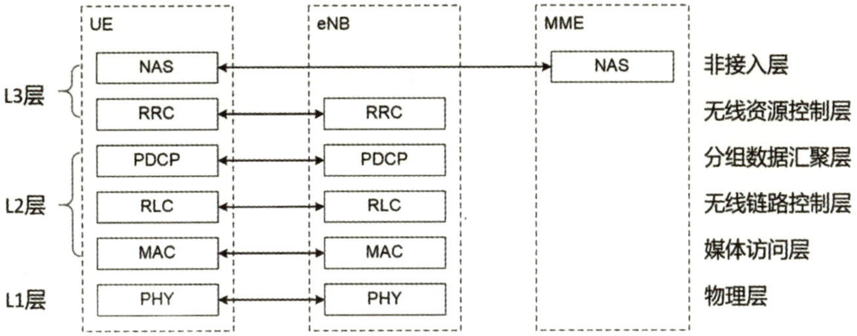

图3-22　控制平面协议栈

控制平面的PDCP层提供加密和完整性保护功能，RLC层和MAC层中控制平面执行的功能与用户平面一致。

RRC层：支持终端和e-NodeB间多种功能的最为关键的信令协议。广义上来说，无线资源算法、实际应用中的无线行为，都是由它来决定的。

NAS层：处理UE和MME之间信息的传输，传输的内容可以是用户信息或控制信息，包括会话管理、用户管理、安全管理等。NAS对于e-NodeB来说是透明的，从图3-22可以看到，e-NodeB是没有这层协议的，所有NAS消息，e-NodeB只负责通传。

三、LTE的关键技术

（一）OFDM

OFDM是多载波调制的一种，OFDM中的各个载波是相互正交的，每个载波在一个符号时间内有整数个载波周期，每个载波的频谱零点和相邻载波的零点重叠，这样便减小了载波间的干扰。OFDM系统中各个子载波相互交叠，相较于传统的频分复用，在频率利用率上有极大的提升。如图3-23和图3-24所示。

OFDM由于子载波间干扰度小，使得单个载波间无须保护频带，再次提升频谱的使用效率。

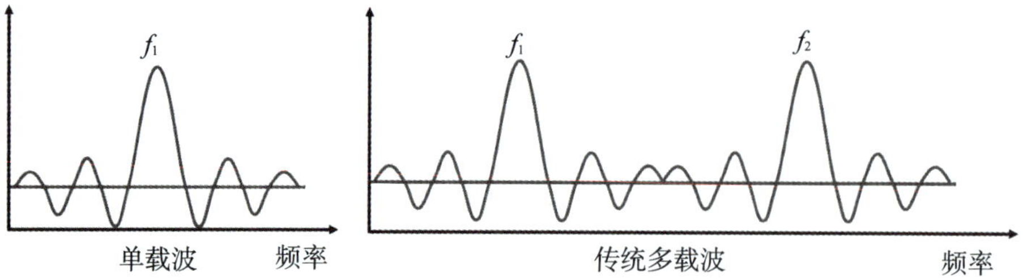

图 3-23　传统多载波示意

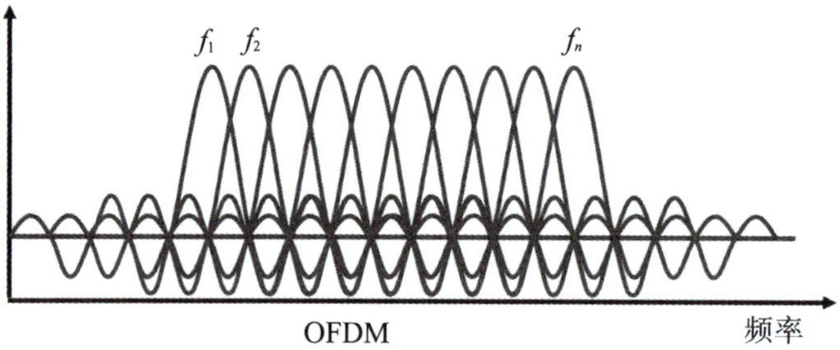

图 3-24　OFDM 波形示意

OFDM 的优点：频谱利用率高、有效对抗多径、对抗频率选择性衰落、抗窄带干扰性强、能够较为简单地实现 MIMO 技术。

OFDM 的缺点：峰均比高，对相位噪声和频偏较敏感。

基于 OFDM，LTE 的下行是 OFDMA［OFDM 是一种调制复用技术，相应的多址接入技术为 OFDMA（多载波，多个数据同时传）］。OFDMA 将传输带宽划分成一系列正交的子载波资源，将不同的子载波资源分配给不同的用户实现多址。OFDMA 的优点是：同一时间分配子载波给不同的用户，因此可调度多个用户同时接收数据，多个用户同时平分整个带宽。

基于 OFDM，LTE 的上行是 SC-FDMA（单载波频分多址，single carrier frequency division multiple access）。SC-FDMA 是通过单载波，多个数据一个一个接着传输的多址接入技术。SC-FDMA 的优点是：一方面降低了终端发射信号的峰均比，另一方面也保持了不同终端发出的信号之间的正交性。

OFDM 虽然频谱利用率更高，但不支持软切换，用户移动过程容易掉线，对网络信号的质量要求较高。

（二）MIMO

MIMO多天线技术是LTE大幅提升吞吐率的物理层关键技术。最早的多天线技术是一种接收分集技术，多条接收通道同时处于深度衰落的可能性比单天线通道处于深度衰落的可能性小很多，使得MIMO技术逐步成熟并应用到LTE系统中。

MIMO系统的本质就是多个信号流在空中的并行传输（多个信号流可以是不同的数据流，也可以是同一个数据流的不同版本）。在发射端输入的数据流变成几路并行的符号流，分别从M个天线同时发射出去；接收端从N个接收天线将信号接收下来，恢复原始信号，如图3-25所示。

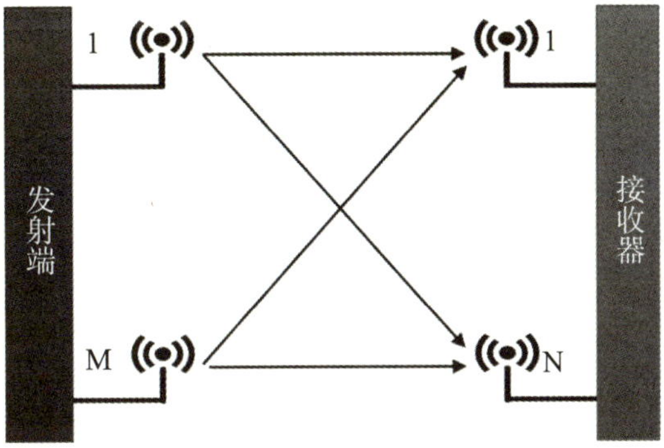

图3-25　MIMO示意图

MIMO系统可根据不同的系统条件、变化的无线环境采用不同的工作模式，协议中定义了以下七种MIMO的工作模式。

（1）单天线工作模式：传统各无线制式的天线工作模式。

（2）开环发射分集：在多个天线上，利用复数共轭的方法，形成了彼此正交的空间信道，发送相同的数据流，提高传输的可靠性。

（3）开环空间复用：在不同的天线上人为制造“多径效应”，一个天线正常发射，其他天线引入相位偏移环节。多个天线的发射关系构成复矩阵，并行地发射不同的数据流。这个复矩阵在发射端随机选择，不依赖接收端的反馈结果，就是开环空间复用。

（4）闭环空间复用：发射端在并行发射多个数据流的时候，根据反馈的信道估计结果，选择制造“多径效应”的复矩阵，就是闭环空间复用。

（5）MU-MIMO：并行传输的多个数据流是由多个UE组合实现的，就是多用户空间复用。

（6）Rank=1的闭环发射分集：作为闭环空间复用的一个特例，只传输一个数据流，也就是说空间信道的秩Rank=1。这种工作模式起到的是提高传输可靠性的作用，实际上是一种发射分集的方式。

（7）波束赋形：多个天线协同工作，根据基站和UE的信道条件，实时计算不同的相位偏移方案，利用天线之间的相位干涉叠加原理，形成指向特定UE的波束。

在LTE的实际应用当中，以下三种场景模式为主流模式。

1. 空分复用模式

不同的数据流就是不同的信息同时发射，意味着信息传送效率的提升，提高了无线通信的效率，增加容量。例如2×2MIMO方式，容量较传统的单天线提高1倍，但是牺牲了分集接收的增益，对网络信号的质量要求很高，如图3-26所示。

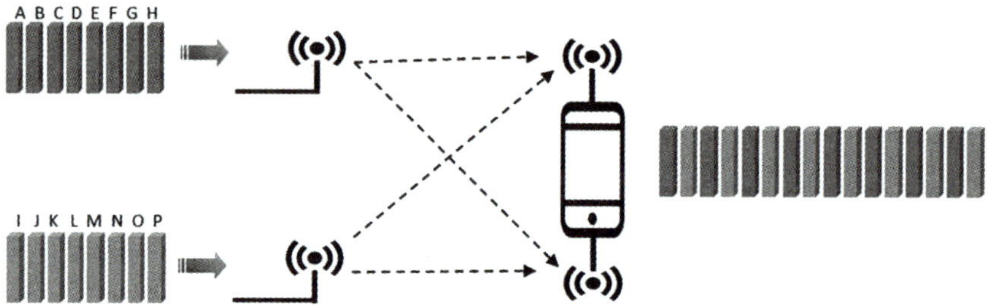

图3-26　空分复用模式

2. 空间分集模式

同一个数据流的不同版本，即同样的信息，不同的表达方式，并行发射出去，确保接收端收到信息的准确，提高信息传送的可靠性，但牺牲了容量与速率。空间分集模式多用于弱覆盖场景或信号质量较差的小区边缘，如图3-27所示。

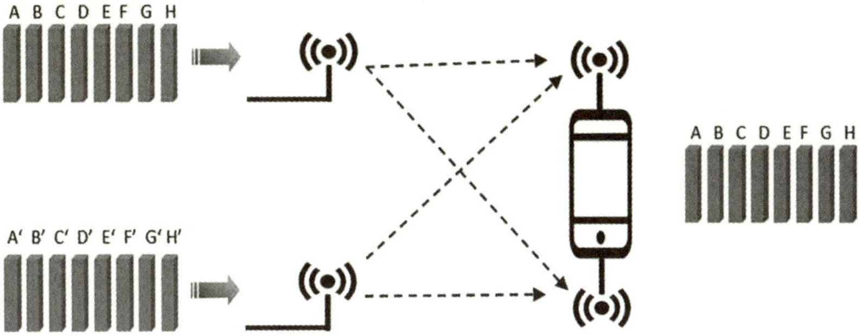

图3-27　空间分集模式

3. 波束变型

波束变型（beamforming）是指将多个天线振子进行并列排布使发射信号形成方向性波束信号的技术。将发射能量集中到想要传输的方向上，使得信号质量加强，并降低周边其他用户对信号本身的干扰。

当两个半波振子摆放到0.5λ的位置，采用相同相位来进行发射时获得垂直的方向性波形，且功率叠加。采用相差π相位来进行发射时，获得水平方向性增强，且功率叠加。如图3-28所示。

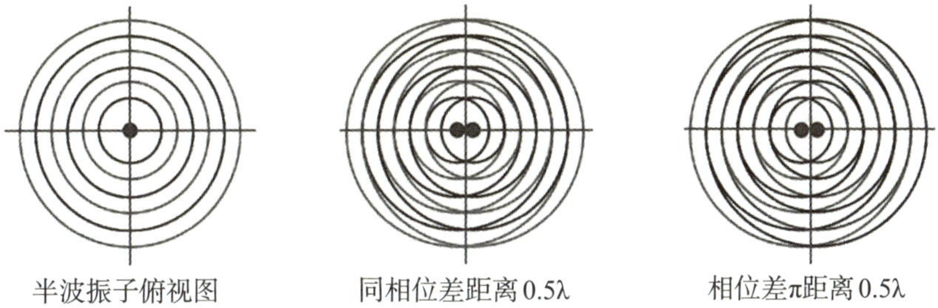

图3-28　波束变型

由上可以得出，当增加按阵列分布的半波振子的个数可以增强信号的发射功率，改变振子的相位可以调整信号发射的方向。

（三）64QAM

64 QAM（相正交振幅调制，64 quadrature amplitude modulation）是一

种高阶调制。高阶调制与信道质量密切相关，只有信道质量（信噪比）满足一定条件时，才可以进入高阶调制算法（高阶调制的选择取决于AMC机制）。

自适应调制和编码（adaptive modulation and coding，AMC）：网络根据信道质量的信息反馈，即CQI（信道质量指示，channel quality indicator），匹配相应的调制编码方式。UE测量信道质量，并报告（每1 ms或者是更长的周期）给e-NodeB，e-NodeB基于CQI来选择调制方式、数据块的大小和数据速率。

（四）LTE-CA

载波聚合（carrier aggregation，CA）是一种聚合多个分量载波的技术，将两个或多个载波组合到一个数据通道中，共同用于单个设备（UE）之间的传输，以增强网络数据容量。

根据最新的LTER12版本协议描述，理论上LTE最多可以支持32个载波聚合（图3-29），但在实际使用中并不会同时出现这么多载波聚合的情况，主要是由于频谱资源有限，以及芯片成本大。

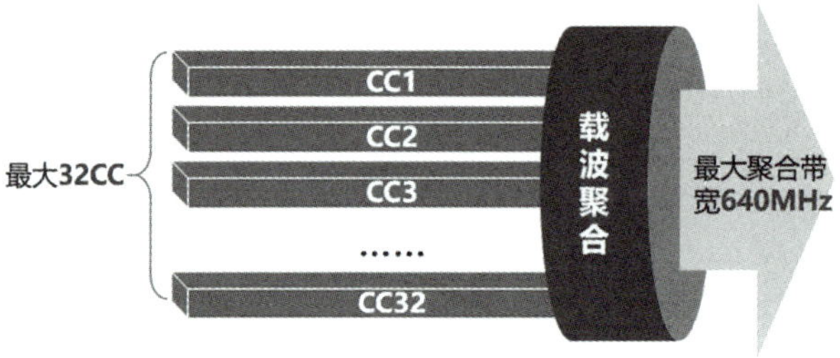

图3-29　LTE-CA的最大聚合带宽

载波聚合由1个PCC和多个SCC组成，如图3-30所示。

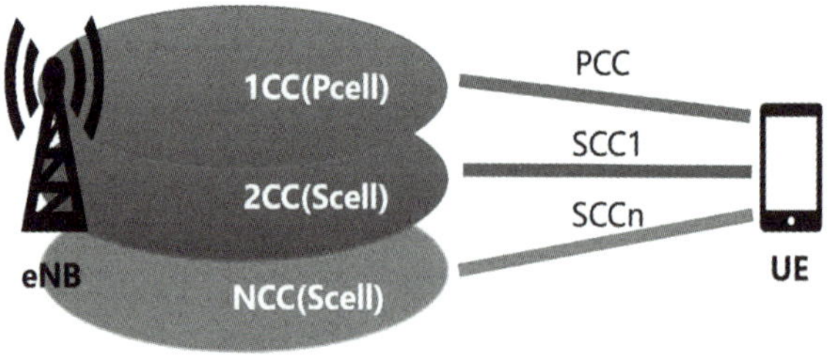

图3-30　载波聚合的组成

CA按频段使用情况划分为3种类型，如图3-31所示。

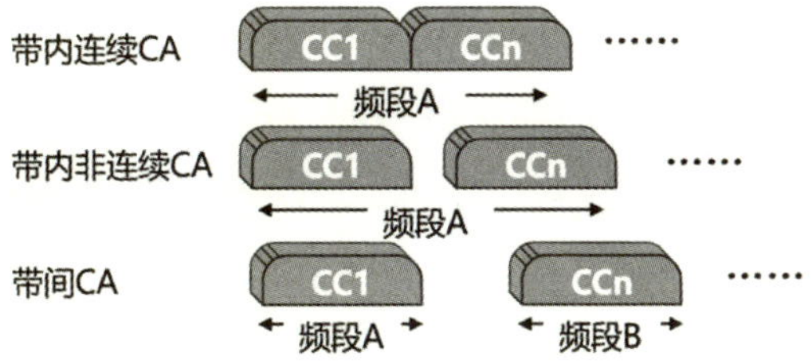

图3-31　CA按频段使用情况划分

（1）带内连续CA：所有CC均归属为同一频段，且在频域上为连续载波。

（2）带内非连续CA：所有CC均归属为同一频段，但在频域上为非连续载波。

（3）带间CA：所有CC中最少有1个归属为不同频段。

四、LTE的物联网应用

LTE网络体系下将终端按速率划分为几个等级，就是LTECat.X，指的就是UE-Category。根据3GPP Release定义，UE-Category被分为1～10共10个等级，其中Cat.1～5在R8组，Cat.6～8在R10组，Cat.9～10在R11组。目前LTE手机主要指的是LTECat.4以及部分的高端机为LTECat.6。

在LTE的物联网应用中，根据实际的应用场景来选择相应的终端能力。例如，LTE Cat.4主要应用于高数据及高稳定性的速率通信的领域；LTECat.1则更多应用于对宽带速率要求不高，但对功耗与数据传输稳定性有一定要求的场景，如穿戴式设备、共享支付、校园水控、充电桩、智能安防、智慧农业、智能家电、工业传感器、港口物流跟踪等对速率要求中等的应用场景。

（一）LTECat.4的应用

1. 视频回传

视频回传作为LTE在物联方面的几个关键应用之一，主要利用了LTE的上行速率高的特点，特别是FDD（频分双工，frequency division duplexing）制式的上行最高可以达到50Mbps，TDD（时分双工，time division duplexing）制式的在调整上下行时隙配比后也可以满足大规模视频回传的要求。

长距离移动场景下的视频回传是LTE的典型应用场景，下面以驾考时科目三的视频回传为例进行阐述。

随着公安部2012年的123号令发布，全国驾考都开始使用电子驾考系统，使得考试更加公平严谨，同时也给智能驾考系统提出了更高的要求。驾考系统的主要难点在于移动无线视频、语音、数据实时回传，其特点是数据实时性要求高、数据流量大、终端移动速度快、路况复杂、驾考规模不断增加。

驾考时车辆处于移动状态下，车载监控摄像头的数据只能通过无线进行传输，再加上驾考车辆通常部署有3个摄像头，每辆车需提供2M以上有效带宽，才可以达到视频高清流畅不卡顿的目的。

利用FDD-LTE技术进行无线视频回传可以很好地解决这类问题，摄像头将数据汇总至车载控制中心，车载中心通过添加4G模组、4G通信功能，通过4G网络将数据传输至指定的服务器并将数据解码呈现在监控中心对应的显示屏上，实现短时延的实时通信。如图3-32所示。

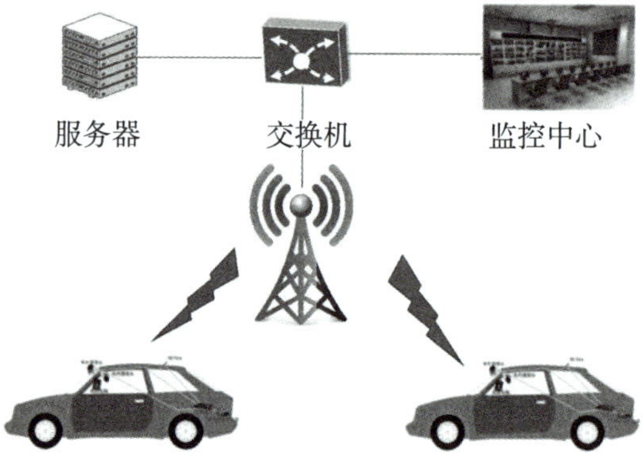

图3-32 FDD-LTE技术

2. 车载娱乐系统

车载娱乐系统中提供无线通信功能的部件称为T-Box（telematics-box），又称TCU（车联网控制单元，telematics control unit），主要由GPS单元、通信外部接口、电子处理单元、微控制器、移动通信单元以及存储器等器件组成，可以实现车内终端信息与云端、路侧端等的交互。

据不完全统计，2021年我国商用车T-Box装配率为45.9%，其中4GT-Box的装配率高达93%，3GT-Box装配率为6%，5GT-Box仅为1%。

4GT-Box的装配占比遥遥领先的原因主要有两方面。一方面是5G处于发展初期，网络覆盖率还不完善，且5G的芯片价格成本高昂，导致整体的造价成本偏高，影响装配率。目前仅在部分高端车型上装配有5GT-Box。另一方面是车载的娱乐应用需求的网络能力有限，多数以导航、在线歌曲、视频等为主，以4G的网络能力完全可以满足需求（3G网络的HSPA+也能部分满足，但整体用户体验感知会有所下降）。所以，车企行业综合整体的成本及体验感知，多数以装配4GT-Box为主流。

3. 4G执法仪

过去，执法人员进行执法活动时，往往是一人手持DV拍摄，一人负责进行笔记记录，工作程序繁杂。随着社会发展、科技进步，国家对执法建设愈发重视，人民群众的法治观念也逐渐增强。在全民对规范执法期望值越来越高的情况下，执法记录仪应运而生了。

执法记录仪是民警执行公务时随身佩戴的集摄像、照相、对讲、定位、存储功能于一身，同时可以通过4G无线实时视频传输等功能于一体的取证技术装备。现阶段执法记录仪普遍应用于公检法领域、各种室内外检测场所等需要实时沟通的场景。

（二）LTECat.1的应用

LTECat.1定义了每秒上行5 Mbps和下行10 Mbps的最大数据传输速率，从而能够将更低功耗和更低成本的IoT设备连接到LTE网络。这使得LTECat.1成为第一个专为物联网设计的标准，物联网通常要求比手机上的网流更低的数据速率。

LTECat.1通常应用在物联网零售亭、车内热点、游戏设备、智能电网产品、家庭安全系统、可穿戴相机、销售点终端、健康监视器、智能手表等设备。

3.2 非蜂窝网络

蜂窝网络解决了移动通信中频率资源有限的问题，但也是有局限性的。其主要问题是小区不可能无限制地进行分裂，系统的容量无法进一步提高，影响了移动通信进一步的发展。

同时，随着工业互联网的发展，用户使用基于运营商蜂窝的NB-IOT等物联网技术，所有数据都要先进入运营商的网络和平台，然后企业再去从中取回，那就涉及一个很核心的问题——数据私有性。对很多企业而言，数据是最重要的资产，如果完全由另外一个企业去把控，那数据的安全性及私有性如何保证？所以，在未来物联网发展的过程中，特别是工业互联网推动的过程中，如果企业数据保护及对数据私有需求成为刚性要求的话，那么众多用户基于非蜂窝网络技术能够支持企业组建数据完全、自主可控的工业互联网系统，在此基础上可以建立自有的私有云或连接公有云，实现数据采集、传输、存储、处理及应用的全流程安全管理。

3.2.1 ZigBee

ZigBee协议在2003年正式问世。专注于低功耗、低成本、低复杂度、低速率的短距离无线通信技术被称为ZigBee。ZigBee使用的是2.4 GHz物理层和868 MHz、915 MHz物理层，均基于直接序列扩频（direct sequence spread spectrum，DSSS）技术。

ZigBee所需的功率非常小。在大多数情况下，ZigBee的功率仅仅为1mW，但是它仍可在室外提供高达150m的传输距离。其与跳频扩频（frequency hopping spread spectrum，FHSS）技术相比，DSSS技术消耗更少的功率。

ZigBee技术适用的频段不同于当前普通无线网络的频段，它们之间不会相互干扰。因此，这保证了ZigBee系统不会干扰其他无线网络，同时，也保证系统不会受到其他无线网络的影响。

由于物联网可以远程感知和控制物理对象，因此，无线通信技术也成了组织物联网的重要途径之一。ZigBee技术是用于创建具有低功率数字无线电的个人局域网的无线通信技术，它的规范定义比其他无线个人局域网（如蓝牙或Wi-Fi）更简单、更便宜，从而更适合组织短距离和低速率无线数据传输的物联网。正是由于ZigBee技术具有低功耗、低成本、结构简单、体积小、安全可靠等显著技术特点，所以ZigBee技术也被作为一种良好的无线网络解决方案广泛应用于各个领域。

一、ZigBee技术的特点

ZigBee联盟最新发布的ZigBee3.0版强化低延迟与低功耗优势，能大幅简化各种装置互连设计的复杂度，同时实现让用户以IP网络进行远端操控，因而ZigBee技术成为打造智慧家庭的理想技术。这种无线通信技术具有如下特点。

（1）低功耗：由于ZigBee节点工作时间比较短，收发信号的时间也比较短，在非工作模式下可采用休眠模式，这使得ZigBee节点非常省电，2节5号干电池可支持1个节点工作6～24个月，甚至更长时间（蓝牙仅仅可以工作数周，而Wi-Fi也只能工作数小时），这也是ZigBee技术的突出优势。

（2）低成本：ZigBee技术协议简单，对通信控制器的要求较低，内存空间要求小，且专利免费，芯片价格也比较低，使得ZigBee设备成本相对低廉（不足蓝牙技术的1/10）。

（3）低速率：ZigBee工作在20 kbit/s～250 kbit/s的较低速率，在2.4 GHz、915 MHz和868 MHz分别提供250 kbit/s、40 kbit/s和20 kbit/s的原始数据吞吐率。

（4）短距离：ZigBee传输距离一般在10～100 m，通过增加RF的发射功率，传输距离可增加到1～3 km。

（5）短时延：响应速度较快，设备时延为30 ms。

（6）高容量：树型拓扑结构，一个ZigBee网络最多包括255个ZigBee网络节点。

（7）高安全：ZigBee网络提供了包括无安全设定、接入控制清单和采用高级加密标准的对称密码的三级安全模式来保护数据载荷和防止非法获取数据。

（8）工作频段灵活：ZigBee技术采用频段均为免执照频段。

二、ZigBee网络的组成

在ZigBee网络中存在三种逻辑设备类型，根据设备的作用分为协调器节点、路由器节点和终端节点。一个ZigBee网络由一个协调器节点、若干个路由器节点和若干个终端节点组成。

（一）协调器节点

ZigBee网络最开始是由协调器节点和局域网ID组成的，因此，它是网络中的一个设备，同时也是整个ZigBee网络的中心，协调器节点的功能包括建立、维持和管理网络等。

（二）路由器节点

路由器节点主要负责路由发现、消息传输、允许其他设备加入网络等，一般采用电源进行供电。在通信距离较长时，路由器节点可以起到中继作用。

（三）终端节点

终端节点功耗低，它通常负责数据采集或控制功能。如果终端节点加入网络，则必须通过协调器节点或者路由器节点。

三、ZigBee网络的拓扑结构

ZigBee网络的拓扑结构，如图3-33所示。

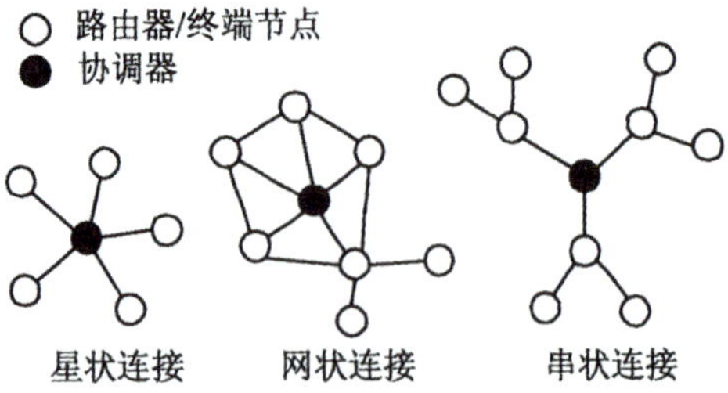

图3-33　ZigBee网络的拓扑结构

四、ZigBee网络的协议栈

ZigBee网络协议栈的层次结构，如图3-34所示。

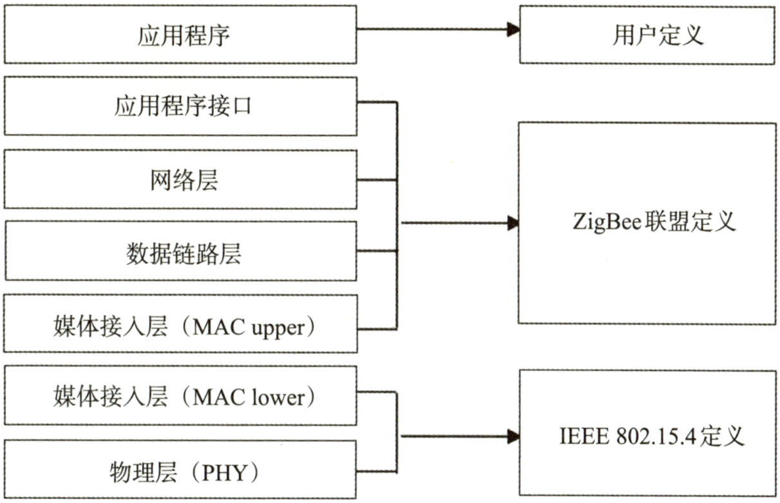

图3-34 ZigBee网络协议栈的层次结构

五、ZigBee在物联网的应用场景

ZigBee在物联网的应用主要在家庭和楼宇自动化领域。特别是智能家居，如小米智能家庭套装由多功能网关、人体传感器、门窗传感器和无线开关四个产品组成。它们都支持ZigBee协议。

3.2.2 LoRa

LoRa是一种低功耗广域网通信技术，一种基于扩频技术的超远距离无线传输方案，客户可以使用非授权频段架设安全可控的私有物联网。

长期以来，要提高通信距离常用的办法是提高发射功率，同时也将带来更多的能耗。LoRa采用了扩频调制技术，在同等的功耗下取得更远的通信距离，从而解决了这一矛盾。LoRa的名字就是远距离无线电（long range radio），可实现可视距离15 km，城市环境中3 km的通信距离。

截至2021年1月，LoRa在全球范围持续高速增长，LoRa的连接节点已经超过了2.15亿个。从LoRa联盟的会员数量可以看出，从事LoRa产品开发的公司数量也在迅速增长。

一、LoRa技术的特征

扩频调制技术具有长通信距离和高鲁棒性，LoRa技术为工业产品和民用产品提供了一套低成本的无线通信解决方案。LoRa扩频调制技术，如图3-35所示。

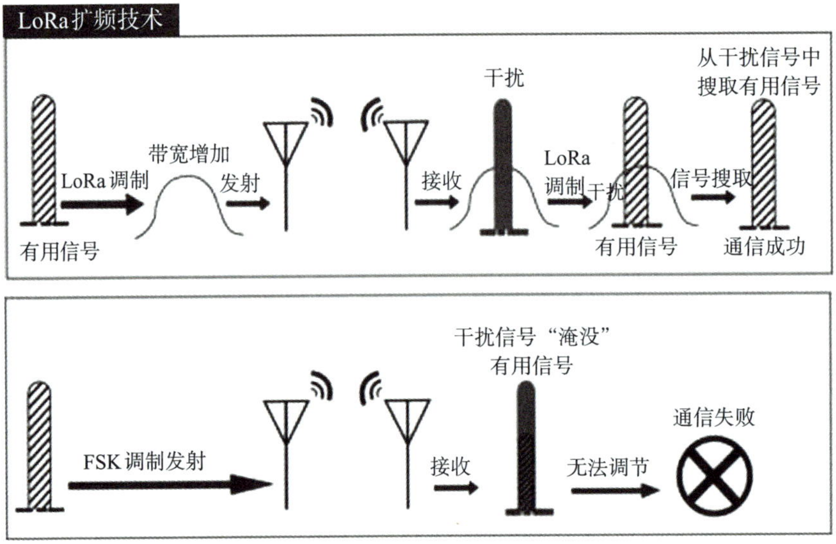

图3-35　LoRa扩频调制技术示意图

LoRa技术具有高性能、长距离、低功耗等特点，在大规模组网、测距和定位等方面有突出的优点。LoRa采用线性调频扩频调制，具有频移键控（frequency-shift keying，FSK）调制相同的低功耗特性，扩大了通信距离，并且拥有较高的接收灵敏度和较强信噪比。另外，使用跳频技术，可以使载波频率不断跳变而扩展频谱，防止定频信号干扰。LoRa技术具有以下特点。

（1）通信距离长。得益于扩频调制和前向纠错码的增益，LoRa技术的通信距离大约是蜂窝技术的2倍，因此LoRa网络可以使用星状网络，通过扩频调制技术完成稳定和实时的长距离通信。

（2）通信容量大。物联网的特点，使得终端节点特别多，一个LoRa网络能轻松连接上千，甚至上万个节点。

（3）通信信号扩频正交。因为LoRa是扩频调制技术，不同扩频因子的信号是正交的，在同一个信道中，信号间相互之间不冲突。

（4）通信低功耗。LoRa支持异步通信，当需要发送数据时，才发起通信。

（5）一网络多网关。在LoRa网络中，一个终端节点的发送数据帧可以被多个网关接收，再转发给服务器，服务器可以选择信号最佳的网关回复。当移动终端节点时，即从一个网关切换到另一个网关，由于是同一个服务器在管理，可以免除复杂的切换步骤。

二、LoRa技术与现有技术比较

目前，有许多不同的技术用于物联网，每种技术都有优点和缺点。由于应用的要求不同，一项技术无法满足物联网的所有应用要求。也就是没有哪种技术可以说是最好的技术，每种技术在不同的应用方面都与其他技术不同，应用的要求和用途也各不相同。根据应用场景特定的要求，可以从现有技术中选择最适合的技术。

Wi-Fi技术、蓝牙技术、ZigBee技术等，这些都是近几年广泛应用的技术，可用于物联网应用中。但在所有这些技术中，电池寿命都是一个主要的问题。LoRa技术为物联网、智慧城市和工业应用提供了安全的、双向的、低成本的移动通信。

（一）LoRa技术与蜂窝网的对比

由GSM、2G、3G、4G组成的传统蜂窝网在生活中被广泛应用。这些网络模式都是完善的网络，但这些传统网络是为高数据吞吐量而构建的，因此这些并不能优化功耗。当少量数据传输频次较低时，这些技术会消耗太多功率，所以传统的蜂窝网并不是一个好的选择，网络搭建的总成本非常高。随着5G技术的出现，许多蜂窝网运营商正在停止运行由2G提供的物联网设备的服务。LoRa技术具有较低的功耗，并且非常适合于少量数据的长距离传输。

（二）LoRa技术与局域网的对比

局域网是一种广泛采用的标准，在有限的区域内使用，如建筑楼宇、学校、办公室、实验室等。局域网可以是有线的或无线的，以太网和Wi-Fi技术都是局域网中常用的技术。局域网中使用的无线技术是Wi-Fi技术，提供无线通信连接。Wi-Fi的通信范围通常是诸如建筑物、家庭、办公室之类的小区域，一般为1 km内的区域。然而，LoRa技术提供了很大的范围，单个网关可以跨越100 km的区域。一方面，Wi-Fi传输的大量数据难以完全被准确地区分和分类，很多时候数据都没有被正确的接收器接收。另一方面，Wi-Fi技术还有一个致命的缺点——任何人都可以在传输过程中干扰传输的数据，因此其安全性很低。相反地，LoRa技术提供双AES加密，并且基于CSS调制，对多路径和衰落具有很强的抵抗力，因此它的安全性非常高。

（三）LoRa技术与ZigBee技术的对比

ZigBee技术基于用于创建个人局域网的高级通信协议，由小型低功率数字无线电组成。这项技术最适合需要在很短距离内传输数据的小规模项目。它的通信范围是10～100 m。ZigBee技术实现远距离传输数据是基于将数据传输到许多中间设备的网状拓扑结构，消耗功率较大，因此不适合有低功率要求的应用。然而，LoRa技术基于星型拓扑结构，避免了中间设备的数据传输，从而在很大程度上降低了功率消耗。

（四）LoRa技术与NB-IOT技术的对比

NB-IOT技术和LoRa技术都是正在兴起的重要技术。LoRa技术基于ALOHA协议且是异步的，而NB-IOT技术基于FDMA。NB-IOT技术需要频繁地同步，这导致比LoRa技术有更高的电池消耗。但NB-IOT技术与LoRa技术相比，延迟更低且数据速率更高。因此，那些需要低延迟且需要高数据速率的应用可以使用NB-IOT技术，而具有较低数据速率要求的应用可以选择LoRa技术。LoRa技术更适合物联网行业，而NB-IOT技术更适合个人和公共物联网。

三、LoRa技术在物联网的应用案例：阿尔茨海默病患者监测

作为一个人口大国，目前我国各种精神障碍患者人数超过1亿人。精神障碍患者的诊治与康复主要在医院或者社区进行。阿尔茨海默病同属精神障碍，预计2040年，我国阿尔茨海默病患者将达到2200万。随着阿尔茨海默病患者的增多，医疗资源越来越紧张，这给医护人员和社会带来了一大负担：如何随时随地看护这些“特殊人群”。

市面上已经出现了大量的防走失定位器，但其多采用Wi-Fi/蓝牙技术，致使其只能保证10个小时的持续工作，需要医护人员对设备进行频繁的充电，且其覆盖范围不大、不能够远距离使用，这给医护人员带来了麻烦。

用于跟踪和监测阿尔茨海默病患者的LoRa系统是一种基于LoRa网络的物联网系统。它由安装在患者身上的LoRaGPS追踪器以及安装在医院和其他公共场所的LoRa网关组成。LoRa网关通过Wi-Fi网络作为通信介质连接到本地服务器和云服务器。用于跟踪和监测阿尔茨海默病患者的LoRa系统结构，如图3-36所示。

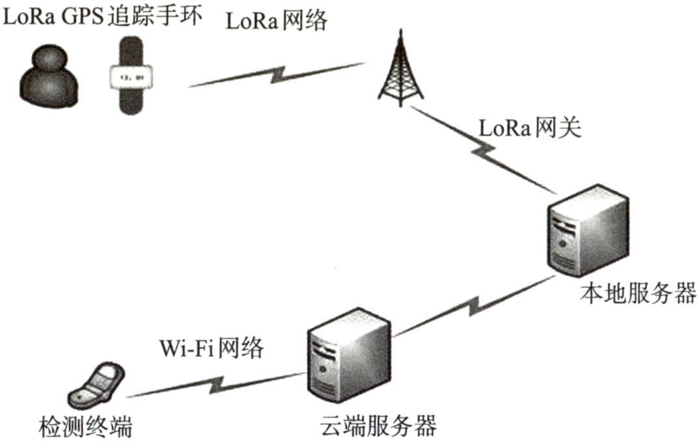

图3-36 阿尔茨海默病患者的监测系统结构图

3.2.3 Wi-Fi

Wi-Fi（无线保真，wireless fidelity）技术，是一种将PC机、笔记本、

移动手持设备（如掌上电脑、手机）等终端以无线方式互相连接的短距离无线电通信技术，由Wi-Fi联盟于1999年发布。Wi-Fi允许电子设备连接到一个无线局域网（WLAN）的技术，通常使用2.4G或5G射频频段。推动这个技术的组织也以Wi-Fi命名——Wi-Fi联盟（Wi-Fi Alliance）。该联盟对Wi-Fi的定义是“所有基于IEEE802.11标准的无线局域网（WLAN）产品”。

Wi-Fi是一台电子设备连接到一个无线局域网（wireless LAN，WLAN）的技术，一般使用2.4GHzUHF或5GHzSHFISM射频频段。连接无线局域网时，通常有密码保护；但也可以是开放的，这样就允许任何在WLAN范围内的设备联网。

一、Wi-Fi采用的协议标准

Wi-Fi联盟主要针对移动设备，规范了基于IEEE802.11协议的数据链接技术。Wi-Fi包括很多标准，以b，a，g，n为标志，其中一些标准是交叉兼容的。在同一个无线网络中可以使用不同的标准，表3-3列出了Wi-Fi的主要标准。

表3-3　Wi-Fi的主要标准

802.11协议	频率/GHz	速度/(Mbit/s)	覆盖范围/m	调制模式
802.11b	2.4～2.485	11	30～90	DSSS
802.11a	5.1～5.8	54	7.5～22.5	DFDM
802.11g	5.1～5.8	54	30～45	DSSS或PFDM
802.11n	2.4～2.485或5.1～5.8	200	30～45	DFDM

二、Wi-Fi组网技术

利用Wi-Fi技术实现组网，称为WLAN。WLAN有两种模式，即Ad-Hoc网络和基础结构网络两种。

Ad-Hoc网络又叫点对点无线网络，主要适用于有临时需求的双机互连。Ad-Hoc网络不需要有线基础设施的支持，不存在无线访问接入点。Ad-Hoc网络中的节点均由移动主机构成，每个节点的地位都是对等的，如

图3-37所示。只要有两台或者两台以上配有无线网卡的计算机，简单设置，就能随时随地实现无线局域网连接。

基础结构网络（infrastructure）是以无线接入点AP（access point）为中心，实现无线移动的接入，但各个无线终端不能直接通信。如图3-38所示。

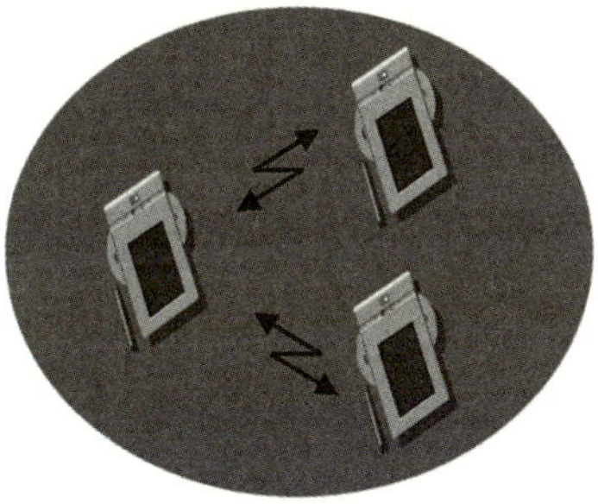

图3-37　对等网络

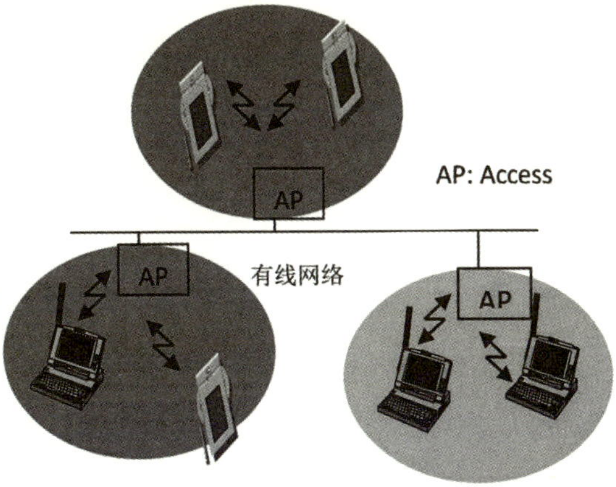

图3-38　基础结构网络

三、Wi-Fi技术的特点

（一）传输距离远

相比于蓝牙技术的覆盖半径，Wi-Fi技术的覆盖半径可达到几百米。美国曾经做了Wi-Fi技术覆盖点对点的测试实验，使用5.8GWi-Fi链路架设，其传输距离可达到164 km。

（二）传输速率快

根据无线网卡使用的标准不同，Wi-Fi技术的传输速度也有所不同。其中，IEEE802.11b的最高传输速率为11 Mb/s，IEEE802.11a的最高传输速率为54 Mb/s，IEEE802.11g的最高传输速率为54 Mb/s。但是Wi-Fi技术的传输安全性相对于蓝牙的传输安全性还是略微有些不足。

（三）无须布置线路

Wi-Fi技术的优势主要在可不受布线条件的限制，所以Wi-Fi技术十分适宜移动办公用户的需求，且具备广阔的市场前景。现如今Wi-Fi技术已从库存控制、传统的医疗保健和管理服务等特殊行业向更广泛的行业拓展，目前已经进入教育机构以及家庭等领域。

（四）健康安全

IEEE802.11所设定的发射功率一般不超过100 mW，实际发射功率为60～70 mW，手机的发射功率为200 mW～1 W，手持式对讲机高达5 W。而无线网络使用的方式并不是像手机一样直接接触人体，所以Wi-Fi设备相对于其他移动设备，辐射比较低。

四、Wi-Fi在物联网的应用案例：智慧路灯

传统的路灯只有简单的照明功能，打开和关闭路灯也需要使用开关，这需要大量的人力和资源。然而，随着物联网无线技术的快速发展，街道照明正逐渐智能化，如定时开关照明、定时调光等，能够通过智能终端进行远程控制。此外，一些智能路灯已经实现了免费上网和智能监控功能。

在智能路灯中安装内置Wi-Fi模块的无线路由器，实现无线网络覆盖，通过智能路灯为市民提供免费Wi-Fi服务。在智能路灯上集成摄像头，配备高清摄像头，可作为安全监控；还可以作为智能城市管理的物联网基础，监测井盖和垃圾箱的缺失，实现人群的动态监测和预警。

通过物联网Wi-Fi模块可以实现智能照明、智能安防、信息发布等业务功能，在大数据交互环境中为智慧城市提供增值服务。作为城市公共照明系统和智慧城市的重要组成部分，智能路灯不仅可以实现节能、减少能源浪费，还可以体现在智能调光上，创造更好的照明环境，提高运营效率。智能路灯的广泛应用，将为人们的生活提供更多的便利和安全，如节能减排、道路救援、城市管理等。

3.2.4　蓝牙

蓝牙是一种近距离无线连接技术标准的代称，蓝牙的实质就是要建立通用的无线电空中接口及其控制软件的公开标准。

蓝牙是一种近距离无线通信技术，它的标准是IEEE802.15，工作在2.4 GHz频带，带宽为1 MB/s。电子装置彼此可以通过蓝牙连接起来，省去了传统的电线。通过芯片上的无线接收器，配有蓝牙的电子产品能够在10 m的距离内彼此相连，传输速率可以达到1Mbit/s。以往红外传输技术需要电子装置在视线之内，而有了蓝牙技术，这样的麻烦就免除了。

一、蓝牙系统的网络拓扑结构

蓝牙设备之间可以建立两种网络拓扑结构：一种是微微网（piconet），另一种是散射网（scatternet）。

微微网如图3-39所示。所有的用户都共享同一可以达到的资源（数据传输速率）。从设备最多只能有3个面向同步的（synchronous connection oriented，SCO）连接和一个面向异步的（asynchronous connectionless link，ACL）连接同时进行。

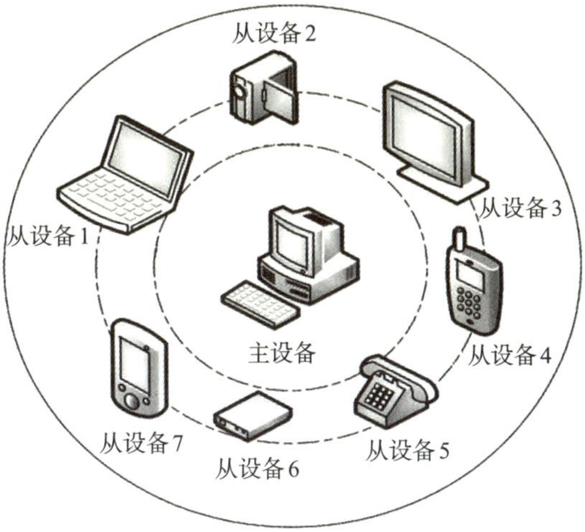

图3-39　蓝牙微微网

散射网如图3-40所示。在一个散射网带有10个全负载的独立微微网的情况下，全双工数据传输速率超6 Mbit/s。设备之间可通过协议转换角色，从设备也可转换为主设备。例如，一个头戴式耳机如果向手机发起连接请求，它作为连接的发起者，自然就是主设备，但是随后也许会作为从设备运行。

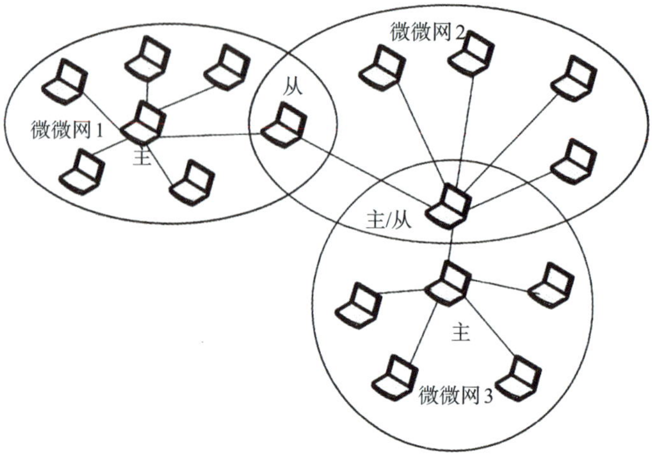

图 3-40　蓝牙散射网

二、蓝牙技术的特点

蓝牙技术的特点主要有：（1）全球范围适用；（2）蓝牙工作在全球统一开放的 2.4 GHz（2.4-2.4835 GHz）的 ISM 频段；（3）可同时传输语音和数据；（4）组网灵活性强；（5）具有很好的抗干扰能力；（6）具有很小的体积，以便集成到各种设备中；（7）微小的功耗；（8）开放的接口标准；（9）低成本。

3.3　计算机网络

计算机网络是计算机技术与通信技术相结合的产物，是实现信息的收集、整合、分发、存储和处理的重要载体。计算机网络使分布在不同地域的计算机通过连接线路相互通信，从而使得位于不同地方的用户借助计算机就可以相互沟通并协作共同完成大型任务。计算机网络作为一种生产和生活工具被人们广泛接纳和使用之后，对人类社会的政治、经济和文化生活产生了重大影响。

3.3.1 计算机网络概述

一、计算机网络的定义

计算机网络是指具有独立功能的多台计算机系统，不同地理位置，通过通信设备和线路系统连接起来，并配以完善的网络软件来实现网络通信和软件、硬件资源共享的计算机集合。计算机网络简化的结构示意图，如图3-41所示。

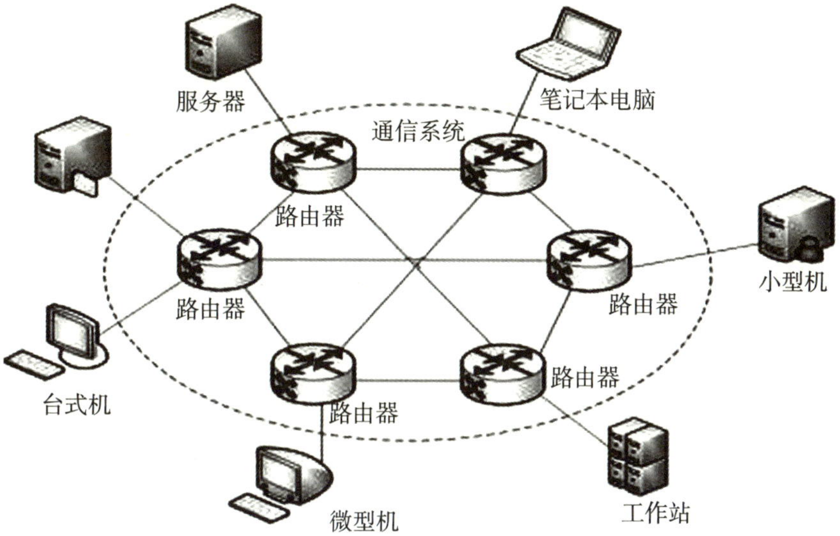

图3-41 计算机网络结构示意图

1969年末，Internet（互联网）的前身——ARPANET（ARPA是Advanced Research Projects Agency的缩写，代表美国国防部高级研究计划署）投入运行。ARPANET是美军首先用于军事连接，后实现了四台主要的计算机的相互连接。未来，计算机网络正朝着智能化、集成化、高速化、实时化和多媒体化的方向不断深入，全球以Internet为核心的高速计算机互联网络已经形成。

二、计算机网络的计算模型

计算机网络由简单到复杂，产生过四种计算模型。

（一）主机/终端模型

计算机刚问世时，由于生产技术的限制，价格极其昂贵，只有少数机构才能够配置，数量很少，大部分人不能直接使用。为了让计算机能够为更多的人服务，出现了主机/终端（host/terminal）模型的计算机系统，如图3-42所示。

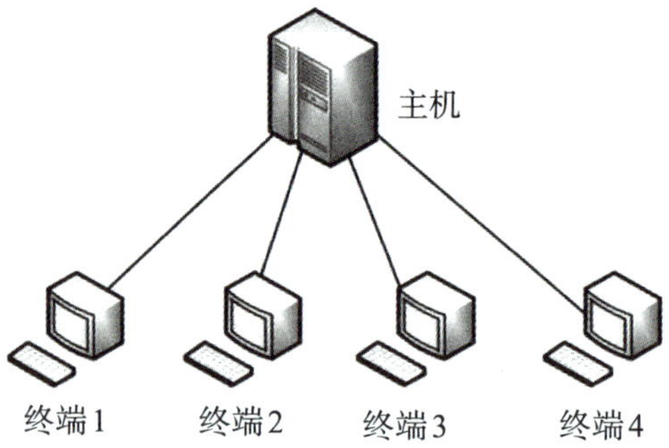

图3-42　主机/终端模型

一台计算机跟多个可操作终端直接连接，各终端共同操作计算机。各位用户在终端输入不同的信息，主机便将所有信息按接收的顺序依次进行处理，并将结果返回给相应的终端。因为终端只是一个输入输出设备，不是具备完整功能的计算机，所以严格地说，主机/终端模型构成的计算机系统不能称为计算机网络，但可以将它们视为网络的雏形。

（二）对等模型

随着计算机技术的发展，人们需要将位于不同位置的计算机通过通信线路连接起来，以实现资源共享，于是就产生了计算机网络。最简单的计算机网络计算模型是对等模型。在对等模型中，各计算机没有主从之分，彼此平等地共享资源。对等模型的结构，如图3-43所示。

图3-43　对等模型

（三）C/S模型

由于网络资源分布通常是不均衡的，计算资源和信息资源常常分布在少数的计算机中，因此产生了C/S（client/server，客户端/服务器）模型。服务器对资源进行集中管理，并供多个客户端使用，资源的集中管理也符合网络管理的需要。客户端是独立的计算机，能够从服务器获取数据资源或计算资源。

C/S模型常见的数据处理方式为：客户端从服务器获取数据，然后对数据进行处理，并将处理结果返回给服务器。这样一来，多个客户端就可以对数据进行共同访问和处理了。

C/S模型的结构，如图3-44所示。

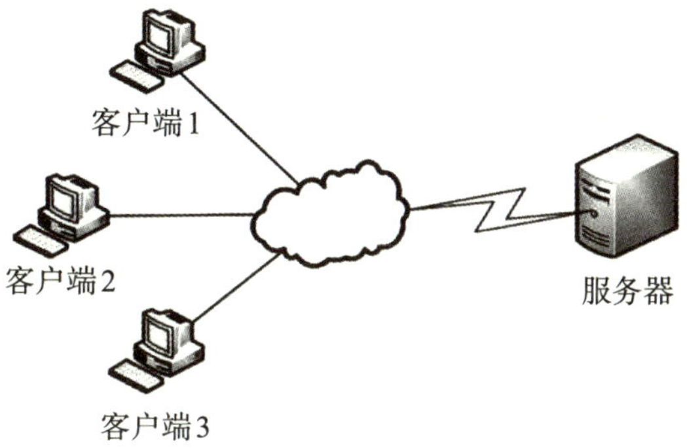

图3-44　C/S模型

（四）B/S模型

在C/S模型中，客户端从服务器获取数据并进行处理，这要求客户端必须满足一定的硬件和软件要求。客户端必须安装相应的数据处理软件，若客户仅要从不同服务器上获取并处理数据，就需要安装多个处理软件，这就提高了对客户端的管理和维护的要求，增加了计算机网络管理和维护的成本。

在浏览器技术产生之后，数据的运算已无须在客户端上进行。客户端安装浏览器之后，只负责显示服务器发来的信息，并将用户操作返回给服务器，数据的运算可以全部在服务器上进行。这样一来，客户端只需通过浏览器，就可以访问和显示任何服务器发来的信息，从而大大降低了网络的管理和维护的成本。这种计算模型称为B/S（browser/server，浏览器/服务器）模型，B/S模型又称瘦客户端模型（thin client or lean client），与之相对的C/S模型又称胖客户端模型（fat client）。

随着计算机技术的发展和计算机网络的普及，B/S模型不断演化，服务器端可形成多层结构，各层分别完成不同的任务，以提高系统整体的可靠性、稳定性、灵活性、可伸缩性和负载均衡能力。因此，B/S模型又被称为多层模型。

最常见的B/S模型又常被称为B/W/D（浏览器/网站服务器/数据库服务器，browser/web server/database server）模型，浏览器层负责数据的表示，网站服务器层负责数据的处理，数据库服务器负责数据的存储。如图3-45所示。

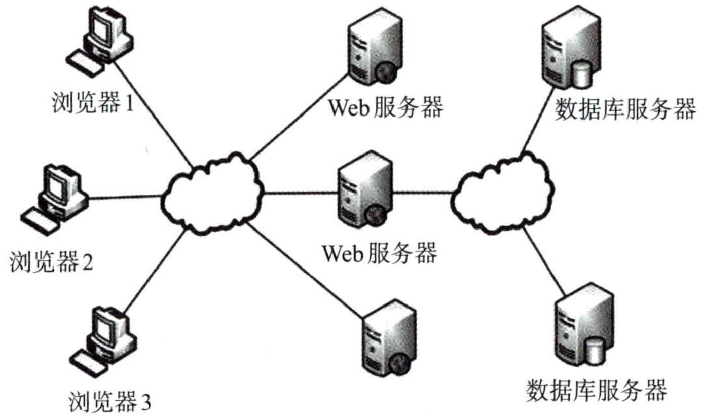

图3-45　B/S模型

三、计算机网络的分类

计算机网络是有着各种独立功能的硬件以及运行于其上的软件，通过成熟的规则进行高效可靠的通信的有机体。计算机网络各部分紧密结合，各种信息同时传输，各种服务彼此配合，因此很难对网络进行严格分类。只能从不同角度，如拓扑结构、地理范围、传输速率、传输介质、交换方式、服务方式和连接类型，对网络进行分类。

以下仅从拓扑结构和地理范围两个角度对网络进行分类。

（一）按拓扑结构划分

网络的拓扑结构指的是网络中所有计算机和通信设备、通信媒体之间的物理连接模型，常见的拓扑结构有星型、总线型、环型、树型和网型，但实际上的网络并不属于任何一种拓扑结构，是各种不同拓扑结构的结合。

1. 星型拓扑结构

星型拓扑结构是由中央节点和通过点到点的链路接到中央节点的各站点组成，如图3-46所示，网络中所有主机直接连接到交换机上。

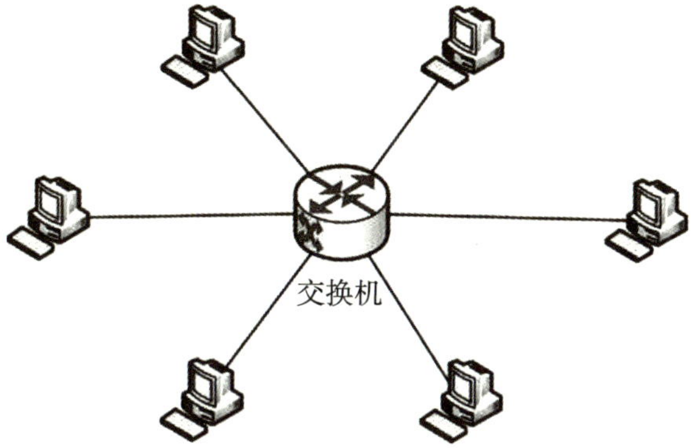

图3-46　星型拓扑结构

（1）星型拓扑结构的优点如下。

①节点方便地提供服务和重新配置。

②当连接点故障时可隔离，不会影响网络。

③故障易于检测和隔离，可以很方便地删除。

④协议实现简单。

（2）星型拓扑结构的缺点如下。

①由于每个站点直接和中央节点相连，需要大量的电缆和接口。

②所有通信必须通过中央节点，使其成为网络的瓶颈。

③过于依赖中央节点，当中央节点发生故障时，整个网络将不能工作。

2. 总线型拓扑结构

如图3-47所示，网络以一条同轴电缆作为传输总线，并根据需要在总线的适当位置上接入计算机。

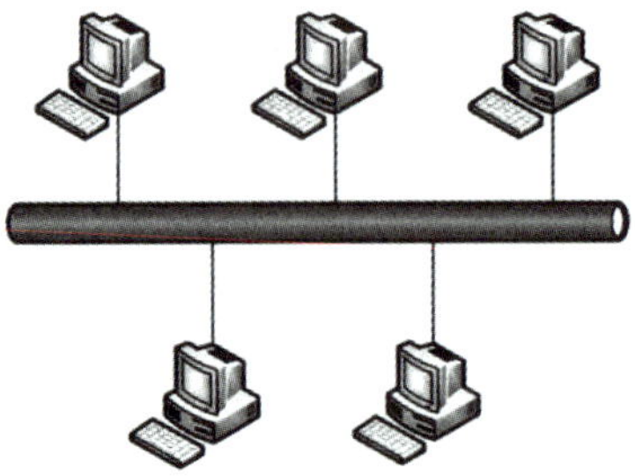

图 3-47　总线型拓扑结构

（1）总线型拓扑结构的优点如下。

①结构简单，成本较低，实现方便。

②可扩充性强，可以在总线上任何位置增加或者删除节点。

（2）总线型拓扑结构的缺点如下。

①故障诊断和隔离困难。

②只要总线上出现一处故障，便全网瘫痪。

③总线不能太长，节点数量不能太多。

④所有站点共享总线，容易产生冲突或传输瓶颈。

3. 环型拓扑结构

环型拓扑结构中公共传输线路通过特殊的中继器连接成一个闭合的环，每一个中继器上可以接入一个节点。如图3-48所示，首先构建一定的网络闭合环，并在环上特定位置配置中继器，再将主机连接到中继器上。数据在环上按顺序单向传播，节点对经过的数据进行识别，获取属于自己的数据。

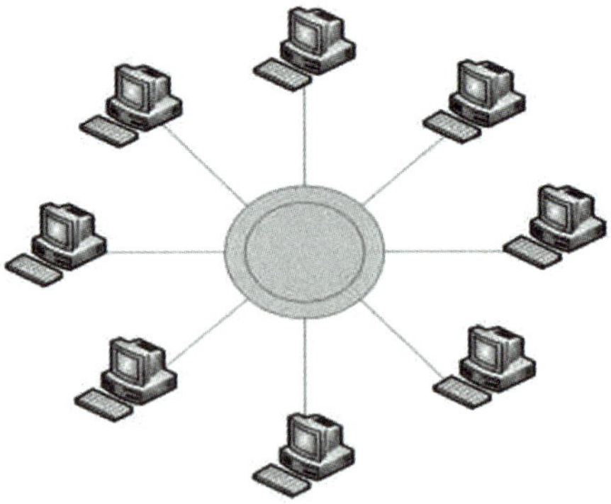

图 3-48　环型拓扑结构

（1）环型拓扑结构的优点如下。

①环上的节点地位平等，每个节点对网络的控制权相同。

②有效地进行带宽分配，避免冲突，提高了线路利用率。

③网络通信实时性强。

（2）环型拓扑结构的缺点如下。

①只要环上出现一处故障，便全网瘫痪。

②管理机制比较复杂。

4. 树型拓扑结构

树型拓扑结构是由星型拓扑结构演变而来的。在这种拓扑结构中，有一个带分支的根，每个分支还可以延伸出子分支。如图3-49所示，一个节点连接若干个计算机和其他子节点，子节点又连接若干个计算机和其他孙节点，这样一层一层地扩充，形成一个倒立的树状结构的网络，并由根节点与其他网络相连。

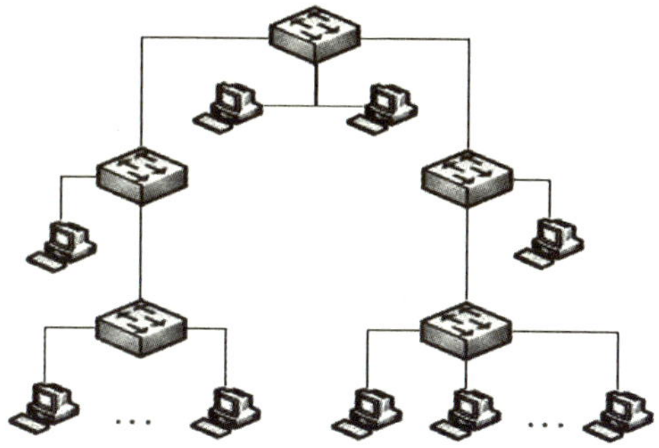

图3-49　树型拓扑结构

（1）树型拓扑结构的优点如下。

①布线结构灵活，实现容易。

②可扩充性强。

③层次分明，管理方便。

④故障检测和隔离相对容易。

（2）树型拓扑结构的缺点如下。

①所有通信都必须通过根节点，使其成为网络的瓶颈。

②过于依赖根节点，当根节点发生故障时，整个网络将不能工作。

③同一层次的站点之间访问线路过长。

5. 网型拓扑结构

网型拓扑结构适用于对等网络，节点之间通过传输线相互连接，且任何一个节点都至少与其他两个节点相连，节点之间的连接是任意的，每个节点都可以有多条线路与其他节点相连，这样两个节点之间的通信可以通过多条不同的路径实现。如图3-50所示。

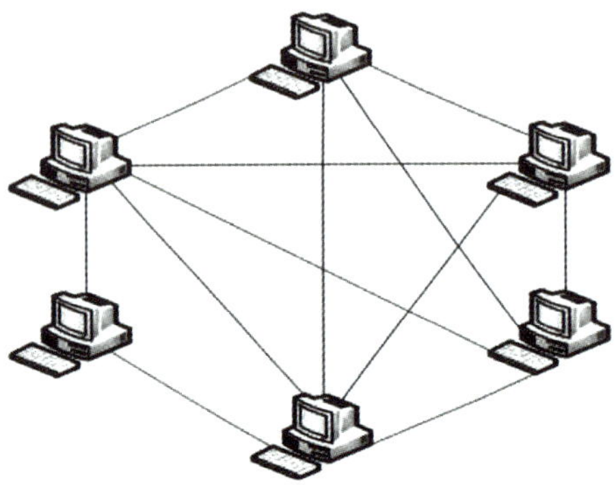

图3-50　网型拓扑结构

（1）网型拓扑结构的优点如下。

①多通道传输，可靠性强。

②多种传输速度。

③能够实现负载均衡。

（2）网型拓扑结构的缺点如下。

①结构复杂。

②实现技术难度高。

③控制和管理比较复杂。

（二）按地理范围划分

网络按地理范围或规模大小进行划分，可以分为个人网（personal area network，PAN）、局域网（Local Area Network，LAN）、城域网（metropolitan area network，MAN）、广域网（wide area network，WAN）和因特网（Internet）。

1. 个人网

个人网是一种专为个人服务的网络，范围一般为10 m之内。个人网设备小巧，带宽低，功耗低，信号强度弱。

2. 局域网

局域网一般处于同一建筑或者同一建筑群，如一个公司、一所学校或者地理位置相连的几个机构。局域网一般属于同一个机构或者几个关系密切的机构，并且进行统一的管理和维护，管理者可以自主添加和修改节点，重新布置网络结构，检测和排除网络故障。

局域网一般采用统一的传输技术、统一的拓扑结构和统一的通信协议。局域网一般采用星型、总线型、环型或树型拓扑结构，很少采用网型拓扑结构。

局域网的建设费用相对比较便宜，通信速率从几兆位到几千兆位不等，线路稳定，出错率低，传输延迟低。

3. 城域网

城域网是覆盖一个城市的网络，可被视为一种大型的局域网，使用与局域网相似的技术。城域网通过高速的主干道，将若干个地理位置不相接的局域网连接在一起。从技术要求上来说，城域网和局域网没有本质性的区别。

城域网和局域网的不同主要体现在管理方面。一般情况下，城域网中各个局域网由各自的所有者单独管理，局域网之间的公用连接干道由专门的网络管理公司管理。当一家大公司拥有不同的分公司时，可以使用城域网将不同的分公司进行连接，这时，管理城域网干道的就是总公司委托的管理公司，或者本公司的网络管理单位。

为了满足各个局域网交换信息的速度要求，城域网干道必须具有高带宽和高速率，并且增加必要的冗余线路。

4. 广域网

广域网的地理范围更广，可以是一个省、国家甚至是全世界。广域网的用户包括个人、公司和任何组织机构。

广域网的传输距离更长，中间节点多，传输延迟大，建设成本比较高。大多数广域网的接入提供商是电信公司。广域网通常采用网状的拓扑结构，在不同站点之间通常有不止一条通信线路。为了提高网络的可靠性和利用率，广域网的编码方式、通信协议和管理方法与局域网有很大不同。

5. Internet

Internet是世界上最大的一个广域网，目前网站数量早已过亿，入网用户达数十亿。因特网使用TCP/IP协议进行通信，向用户提供网页浏览、文件下载和邮件传输等多种通信服务。因特网已渗透生活、工作、学习、商务、交流、娱乐、政府运行，甚至战争等各个方面，改变了人类的生存方式。

（1）Intranet。

Intranet称为内联网，是由各类组织（如政府机构、商业机构和非营利组织等）自行建设和管理的计算机网络。组织通过该网络运行信息系统，为组织的运作服务。组织根据自身的需要决定Intranet的规模，使用与Internet相同的技术。Intranet可以自成一体独立运作，也可以根据需要接入Internet。

（2）Extranet。

Extranet称为外联网，它是Intranet的延伸。Intranet只为组织内部的人员服务，而Extranet不但可以为组织内部人员服务，还可以为组织外人员或其他组织（如公司的客户）提供服务。Extranet依然使用与Internet相同的技术。

Intranet和Extranet并非什么新的技术，它们只是运营和管理思想的一种体现。组织根据自身运作和管理的需要建设信息系统，从而提高工作效率和核心竞争力。

四、计算机网络的参考模型

（一）OSI参考模型

在前面介绍计算机网络互联阶段的时候，提到了OSI参考模型。这个模型由国家标准化组织ISO提出，用于解决网络设备互联的方法。

参考模型是指该模型不是必须执行的标准，而是按照该模型的要求，不同企业生产的网络设备可以互相连接。网络通信的工作分为七层，具体包括：物理层、数据链路层、网络层、传输层、会话层、表示层和应用层。分层解决问题，是网络体系结构重要的工作方法。由于整个网络功能非常复杂，网络设计者常采用把通信过程按照功能划分为许多小环节，然后每个环节在不同层之间实现。高层使用低层的服务，层与层之间相对独立，只是通过服务访问点，即SAP进行数据交换。其中，资源子网对应OSI模型中的高三层，包括会话层、表示层和应用层，由本地计算机操作系统及其协议实现其功能。通信子网对应OSI模型中的低三层，包括物理层、数据链路层和网络层，由网络设备与协议实现其功能。第四层传输层驻留在本地计算机，负责数据传输。

OSI起源1969年12月，美国国防部高级计划研究署的分组交换网ARPANET投入运行。ARPANET当时仅有4台主机，这4台计算机之间进行数据通信仅有传送数据的通路是不够的，还必须遵守一些事先约定好的规则，由这些规则明确所交换数据的格式及有关同步问题。

ARPANT的实践经验表明，对于非常复杂的计算机网络而言，其结构最好采用层次型。在OSI模型中，层与层之间进行对等通信，且这种通信只是逻辑上的，真正的通信都是在最底层，即物理层实现的。

OSI参考模型各层功能，如图3-51所示。

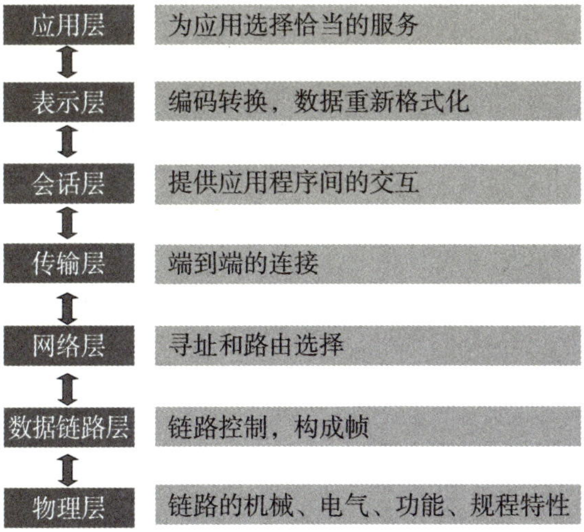

图3-51　OSI参考模型各层功能

物理层：物理层位于OSI模型的最底层，主要功能为物理连接和接口电器特性的定义。物理连接包括实体线路连接和无线连接；接口电器特性包括连接器件的材质、规格，线路上电位的高低等内容。

数据链路层：数据链路层位于OSI模型的第二层，主要功能为流量控制和差错控制。流量控制，即通信双方速度存在差异，需要协调匹配通信正常。差错控制，即在数据传输过程中，出现错误如何发现，如何更正。局域网主要在数据链路层实现。

网络层：网络层位于OSI模型的第三层，主要功能为管理数据通信，实现端到端的数据传送服务，即将数据设法从源端经过若干个中间节点传送到目的端。网络层主体协议是IP协议。

传输层：传输层位于OSI模型的第四层，主要功能为负责总体的数据传输和数据控制。传输层在整个OSI模型中非常重要，主要有两个协议工作：TCP和UDP。TCP是传输控制协议，UDP是用户报文协议，详细工作过程在第四章介绍。

会话层：会话层位于OSI模型的第五层，主要功能为通信进程建立连接。

表示层：表示层位于OSI模型的第六层，主要功能为进行加密和压缩。

应用层：应用层位于OSI模型的第七层，主要功能为提供应用程序进入OSI模型的入口。

注意：*OSI模型的第五到七层在后面介绍的TCP/IP体系结构中被简化为应用层，在此不做详尽介绍。*

在计算机网络中，时时刻刻存在着大量的数据交换。在数据传输过程，先设定源节点和目的节点是主机，即计算机，都按照OSI模型分为7层。

数据在源节点计算机向下传递的时候，到达一层，加上这一层的控制信息，称为首部（在数据链路层还有尾部）。数据在目的节点计算机向上传递的时候，到达一层，去掉这一层的控制信息。

数据包在不同层的称呼也有所不同，物理层称为比特，数据链路层称为帧，网络层称为分组，第四层到第七层称为报文，如图3-52所示。

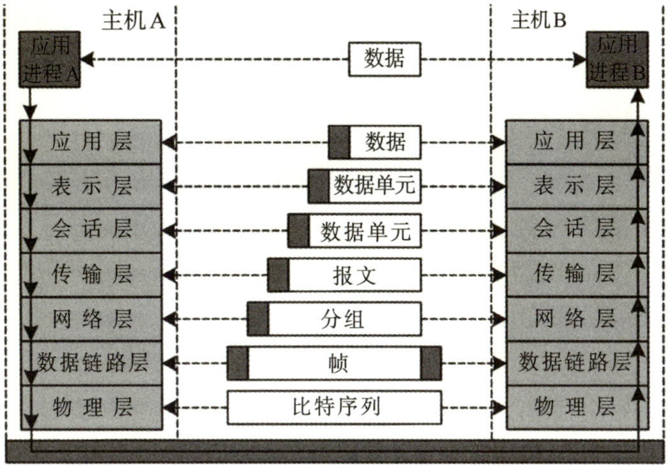

图3-52　传输介质

（二）TCP/IP参考模型

TCP/IP协议是Internet的主机进行数据交换所遵守的网络通信协议，是与Internet有关的一系列网络协议的总称。

TCP协议，即transmission control protocol，是工作在传输层的协议；IP协议，即internet protocol，是工作在网络层的协议。这两个协议是Internet使用的主要协议，有很多协议和它们共同工作。称作协议族，通常，TCP/IP表示这一族协议。

TCP/IP协议包括物理层、网络层、传输层和应用层。将OSI中的低两层对应为TCP/IP协议的物理层，将OSI中的高三层对应为TCP/IP协议的应用层。实际上，在Internet中，主要实现网络层和传输层的功能，如图3-53所示。

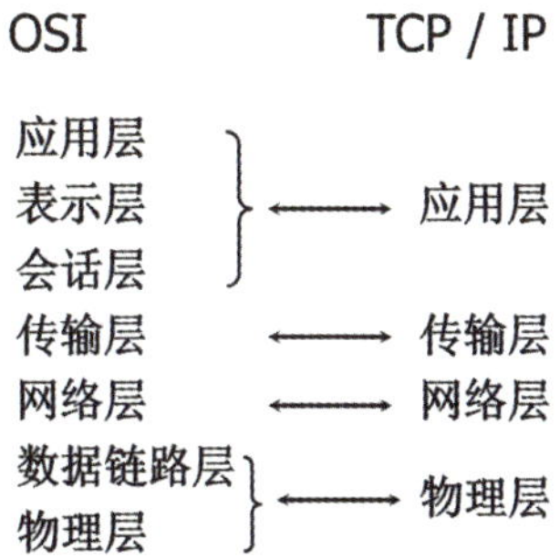

图3-53　OSI和TCP/IP参考模型

TCP/IP协议的物理层提供了各种物理网络与TCP/IP之间的接口。TCP/IP并不关注物理层是如何实现的，只是使用物理层的功能。本章介绍的各种局域网都是在TCP/IP协议的物理层工作。

TCP/IP协议的网络层将数据包封装成数据报，并为其选择合适的路由发送、传递数据包。TCP/IP协议的网络层包括IP协议、ARP协议、RARP协议和ICMP协议。

TCP/IP协议的传输层提供端对端的可靠通信，TCP/IP协议的传输层通常使用的是TCP和UDP。

TCP/IP协议的应用层为用户和主机间提供了一个接口，应用程序通过此层访问网络。TCP/IP协议的应用层包括DNS协议、FTP协议、HTTP协议和SMTP协议。

五、计算机网络的传输介质

传输介质是信道的物理载体，每种传输介质都有它自己的特性，如带宽、延迟、造价、安装和维护的难易程度等。传输介质的特性决定了信道的各项性能。传输介质的特性不同，使用的网络技术也就不同，应用的场合也不同。大致上可以将传输介质分为有线介质和无线介质。

（一）有线介质

有线介质为信号提供了从一个设备到另一个设备的通信管道。有线介质主要有同轴电缆、双绞线和光纤等。

1. 同轴电缆

同轴电缆（coaxial cable）的芯线为铜质导线，铜导线由一层绝缘材料包裹着。绝缘层外面有一层网状的导电金属层，金属层用来屏蔽电磁干扰和防止辐射。网状导体外面覆盖着一层绝缘材料和塑料保护膜。同轴电缆的这种结构使得它具有很高的带宽，对噪声有很好的抑制性。同轴电缆的结构示意图，如图3-54所示。

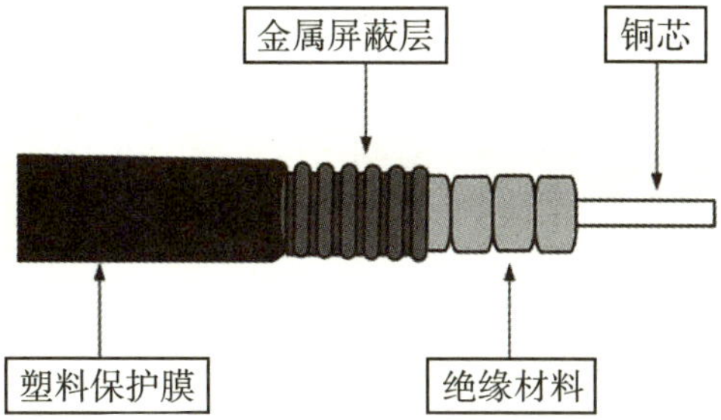

图3-54　同轴电缆的结构示意图

同轴电缆所能达到的带宽取决于电缆的质量、长度以及数据信号的信噪比。现代的同轴电缆的带宽可以超过1 GHz。

2. 双绞线

双绞线（twisted pair）的电导体是铜导线，铜导线外有绝缘层包裹。如图3-55所示，两根具有绝缘层的铜导线按一定密度以螺旋状的形式相互绞合在一起，且线对与线对之间按一定密度逆时针相应地绞合在一起，这样可以降低信号干扰的程度。所有绞合在一起的线对由一层作为保护层的绝缘材料包裹着。

双绞线按其保护层外面是否含有金属层，可分为非屏蔽双绞线（unshielded twisted pair，UTP）和屏蔽双绞线（shielded twisted pair，STP）。

图3-55　双绞线示意图

由于双绞线价格便宜，安装容易，适用于结构化综合布线，所以得到了广泛使用。通常在局域网中使用的无屏蔽双绞线的传送速率是10 Mbps或100 Mbps，随着网卡技术的发展，短距离甚至可以达到1000 Mbps。

3. 光纤

光纤（fiber）是光导纤维的简称，由纤芯、包层和涂覆层组成，其结构模型如图3-56所示。

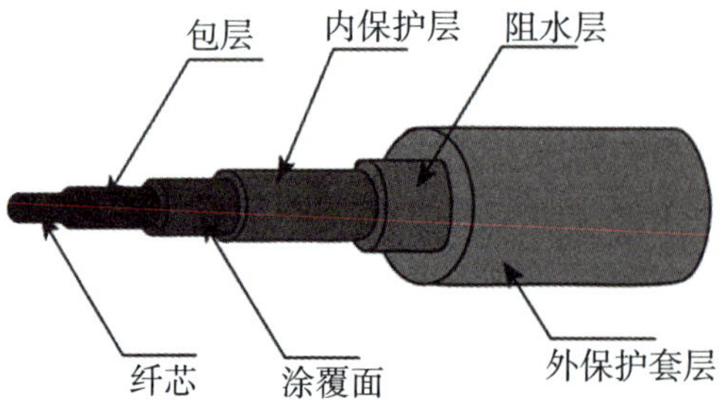

图3-56　光纤的结构模型

光纤的纤芯是一种能传播光的石英玻璃或特制塑料拉成的柔软细丝。包层是涂在纤芯外的一层折射率比光纤纤芯低的材料。当入射光射入纤芯后，会发生全反射，经过若干次全反射之后，光线就能到达光纤的另一端。光线在光纤中的传输过程，如图3-57所示。在包层的外面是一层涂覆层，其作用是增强光纤的机械强度及柔韧性。

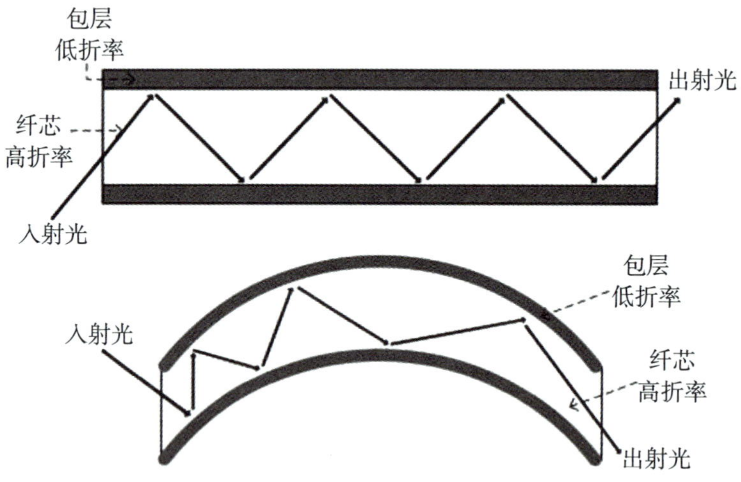

图3-57　光线在光纤中的传输过程示意图

光纤作为传输介质具有极高的数据比特率、极宽的频带宽度、低误码率和低延迟特性。数据传输速率可达1000 Mbps，最新的光纤通信系统速率已经达到100 Gbps。若采用WDM（波分复用，wavelength division multiplexing）技术的光纤线路可以实现14 Tbps的数据比特率，且误码率比同轴电缆低两个数量级。光纤传输不受电磁干扰，不容易被窃听，因而安全和保密性能非常好；且光纤重量轻、体积小、生产成本低廉，传输损耗小，无中继的直接传输距离可达上百公里。

（二）无线介质

移动通信的发展使得无线传输介质越来越受到人们的重视。用于无线通信的介质为电磁波，其传播速度等于光速。根据其频谱可分为无线电波、微波、红外线和激光等。

1. 无线电波传输

无线电波（radio wave）很容易产生，可以传播很远，并且容易穿过建筑物，因此被广泛应用于通信。无线电波是全方向传播的，能从信号源向任意方向传播。

无线电波的特性与频率有关：在低频部分能穿透障碍物，但当其传播越来越远时，能量会急剧减少。无线电频段的划分，见表3-4。

表3-4 无线电频段的划分

代号	频带名称	频率范围	波段名称	主要应用领域
-1	至低频	0.03～0.3Hz	至长波或千兆米波	—
0	至低频	0.3～3Hz	至长波或百兆米波	—
1	极低频	3～30Hz	极长波	潜艇通信
2	超低频	30～300Hz	超长波	潜艇通信
3	特低频	300～3000Hz	特长波	勘探地质和地震
4	甚低频	3～30kHz	甚长波	超远距离导航、声呐
5	低频	30～300kHz	长波	越洋通信、中远距离通信、无线电导航、国际广播、水上移动
6	中频	300～3000kHz	中波	AM电台、船用通信、移动通信、中远距离导航、航空无线电导航
7	高频	3～30MHz	短波	电台和电台广播、远距离短波通信、国际定点通信、卫星业务、航空移动

续表

代号	频带名称	频率范围	波段名称	主要应用领域
8	甚高频	30～300MHz	米波	固定、移动、FM电台及电视台广播、无线电定位、卫星气象
9	特高频	300～3000MHz	分米波	小容量微波通信、中容量微波通信、移动、固定、卫星通信、射电天文、无线电定位、无线电导航
10	超高频	3～30GHz	厘米波	大容量微波通信、固定、移动、卫星通信、射电天文、无线电定位、无线电导航
11	极高频	30～300GHz	毫米波	固定、移动、卫星移动（地对空）、射电天文、无线电导航、卫星无线电导航
12	至高频	300～3000GHz	丝米波或亚毫米波	—

注：频率范围均含上限、不含下限。

2. 微波传输

微波（micro wave）的频率是108～1010 Hz。在108 Hz以上频率的电磁波几乎是按直线传播的，因此微波不能沿地球的曲面传播。当微波的传输距离很远时，在源站与目的站之间，每隔一段距离需要设置一座中继塔。中继塔传播信号的覆盖范围依赖于塔的高度，中继塔越高，信号传输的距离越远。

为延长地面微波的传输距离，在每个中继塔上可以安装一个转发器系统，转发器系统有接收和发送信号的功能。转发器可以在原来的频率上重新发送信号，也可以在新的频率上重新发送。

卫星通信是用人造卫星作为中继站的微波传输，基本原理与地面微波通信是类似的，只是由卫星作为超高天线与转发器，如图3-58所示。尽管在卫星传输中信号仍然是沿直线传播的，但由于卫星远离地面，因而地球曲面引起的距离限制被减弱了。卫星中继信号只需反射一次就能跨越很远的距离。在地球同步卫星的轨道上发射三颗等距离的卫星，就能提供全球通信服务。

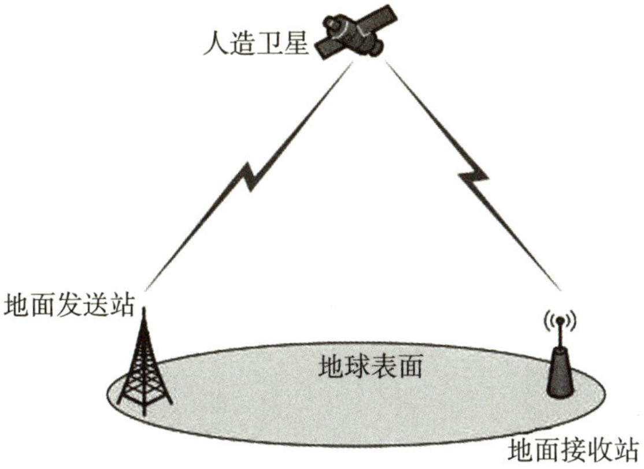

图 3-58　卫星通信

用于卫星通信的微波频率在 1 GHz 以上，ITU 已经给卫星用户分配了特定的频率。基本的卫星频段见表 3-5，C 频段、Ku 频段和 Ka 频段主要用于商业卫星流量。每一颗卫星使用两个频段用于发送和接收。从地面向卫星的传输称为上行，从卫星到地面的传输称为下行。

表 3-5　基本的卫星频段

频段	频率范围（GHz）	缺点	频段	频率范围（GHz）	缺点
L	1～2	低带宽，拥挤	K	18～27	雨水吸收
S	2～4	低带宽，地面干扰	Ka	27～40	雨水吸收，成本问题
C	4～8	地面干扰	V	40～75	雨水吸收
Ku	12～18	雨水吸收			

注：对于空间无线电通信，K 和 Ka 频段一般只用字母代码 Ka 表示。

3. 红外线传输

红外线（infrared）的频率远高于微波而接近于可见光，常用于小范围（如一个房间）的信号传输，如电视机、立体音响和空调等电器使用的遥控器使用了红外线通信。计算机网络也可用红外线技术进行数据通信。

红外线不能通过障碍物，这是它的一个缺点，但也是它的一个优势。一个建筑物的某个房间的红外线系统不会干扰到相邻房间或相邻建筑物内的另一个红外线系统，所以红外线系统的防窃听安全性比无线电系统好。

4. 激光传输

激光除了可以在光纤中作为传输数据信号的载体外，还可以直接作为在空气中传输数据的载体。由于激光的连续光信号是单向的，因此发送端和接收方都要有自己的激光以及测光装置。

激光传输的好处是可以用极低的成本提供极高的带宽，且很容易安装；其缺点是穿透能力差，不能穿过建筑物、金属、植物，甚至雨雪和浓雾。

3.3.2 局域网

局域网通常被描述为在某个范围有限的较小区域内的大量通信设备通过一种高速的方式相互连接起来的一种通信网络。这里的较小区域可以是一个校园、一栋建筑物、一个餐厅、一间办公室，或者是一个家庭等。通信设备主要是各种类型的计算机，也可以是终端、外部设备、通信模块等。而高速的方式既可以是有线连接的，也可以是无线连接的，当然也可以是有线和无线混合模式连接的。

一、局域网参考模型与协议

IEEE组织制定某类协议的工作组（WG）或者技术工作组（TAG），他们制订研究的标准统称为IEEE802标准。IEEE802系列标准是局域网、城域网的技术标准，其标准间的关系，如图3-59所示。

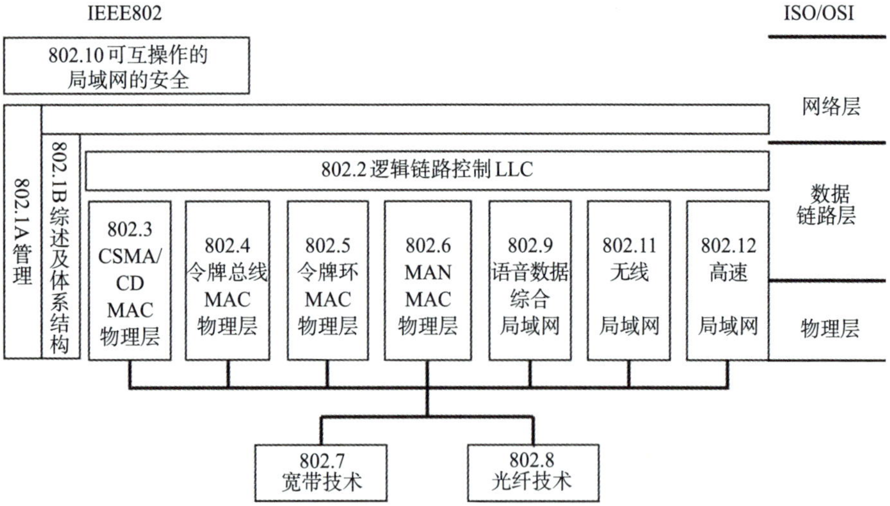

图3-59 IEEE802标准间的关系

IEEE802参考模型与OSI参考模型之间的对应关系，如图3-60所示。

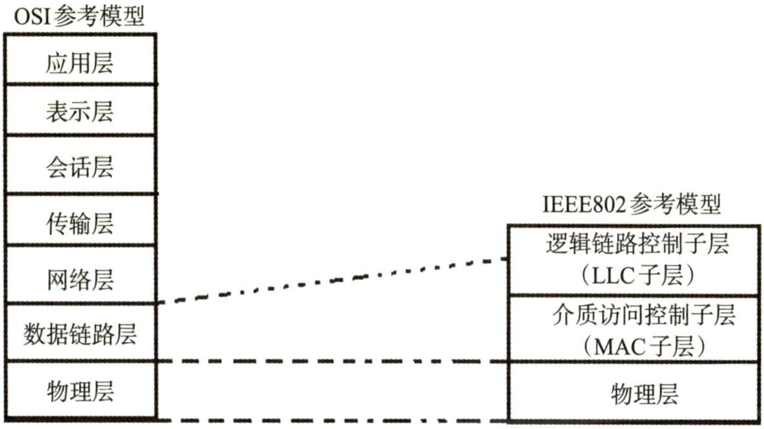

图3-60 IEEE802参考模型与OSI参考模型之间的对应关系

二、局域网的介质访问控制方法

常用的介质访问控制方法有三种：总线型和星型拓扑结构的带冲突检测的载波监听多路访问（CSMA/CD）方法、环型结构的令牌环（token ring）访问控制方法和令牌总线（token bus）访问控制方法。

（一）CSMA/CD

CSMA/CD适用于总线型和星型拓扑结构的网络，有效地解决了介质共享、信道分配和信道冲突等问题，是目前局域网中最常采用的一种介质访问控制方法。在CSMA/CD中，每个节点没有可预约的发送时间，即发送是随机的，网络中无集中控制节点，各节点平等争用发送时间。CSMA/CD有两方面的含义：一是载波监听多路访问，即CSMA；二是冲突检测，即CD。

载波监听多路访问具体步骤如下：（1）一个节点要发送数据前，先监听总线上是否有其他节点发送的信号；（2）如果总线空闲，则发送数据；（3）如果总线繁忙，则等待一定时间间隔再去监听。即在发送数据的同时进行冲突检测，以便及时发现冲突，停止发送，这就是CSMA/CD介质访问控制方法。

（二）令牌环

在令牌环网中，所有节点通过接口连接成环型拓扑结构。所有节点的数据发送都由在环中传递的“令牌”进行控制。令牌也称为权标，是一种特殊的MAC控制帧，总是沿着环单向传递，节点必须持有令牌才能发送数据。当各节点都没有数据发送时，令牌的形式为0111111，称为空闲令牌。当一个节点要发送数据时，需要等待令牌的到来并持有它，将其形式改成01111110，令牌即成为忙令牌，同时将数据附在令牌后面构成数据帧发送到环上。令牌环的工作原理如图3-61所示。其中，图3-61（a）表示令牌在环路中移动，A站获得令牌，则A站获得发送数据的权力；图3-61（b）表示A站发送源地址为A、目标地址为C的数据，当B站发现不是发给自己的数据包，就原封不动地沿着环路转发给下一个站点；图3-61（c）表示C站接收到数据包，发现是发给自己的，就设置一个“已接收数据”的标志位，沿着环路再发给下一个站点；图3-61（d）表示A站收回所发数据后，数据帧被丢弃，然后A站释放令牌并将其沿着环路传递给下一站点B。

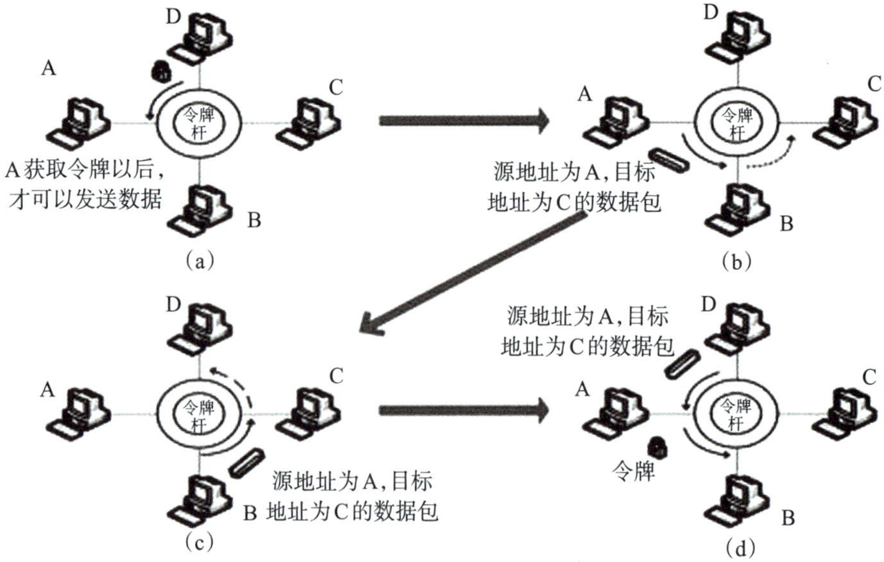

图3-61　令牌环工作原理

概括起来，令牌环工作主要有如下三个步骤：（1）获取令牌并发送数据帧；（2）接收和转发数据帧；（3）撤销数据帧并释放令牌。

令牌环的优点：网络节点访问延迟确定，能够较有效地避免冲突，适用于重负载环境。在重负荷时，对各站公平访问且效率高，并且支持优先级。

令牌环的缺点：令牌环网在轻负荷时，由于存在等待令牌的时间，故效率较低。其中，典型的光纤分布式数据接口（fiber distributed data interface，FDDI）采用了令牌环介质访问控制方法。另外，环型结构中的通信部件比较昂贵，其价格是同类以太网产品价格的5～10倍，并且管理维护比较复杂，实现困难。因此，尽管令牌环网技术要比以太网技术先进，但是它还是没有以太网产品盛行。

（三）令牌总线

总线型以太网的介质争用策略，使得它不适用于实时控制应用。令牌环中的令牌绕网一周的最大时间延迟虽然有确定值，但在轻载时性能不太好。而令牌总线介质访问控制方法就是在综合了前两种介质访问控制方法优点的基础上形成的一种介质访问控制方法。

令牌总线局域网类似于令牌环局域网，介质访问采用令牌方式，节点在发送数据之前必须先捕获到令牌，但它的拓扑结构与令牌环不同，它采用总线型拓扑结构，使用同轴电缆作为总线。

令牌总线局域网如图3-62所示，其技术要点如下。

（1）连接在总线上的各节点按地址组成一个逻辑环。

（2）网络中有唯一令牌，并按照确定顺序在逻辑环上移动。

（3）只有持有令牌的节点才有权向总线上发送数据。

（4）不持有令牌的节点只能侦听总线或接收信息和令牌。

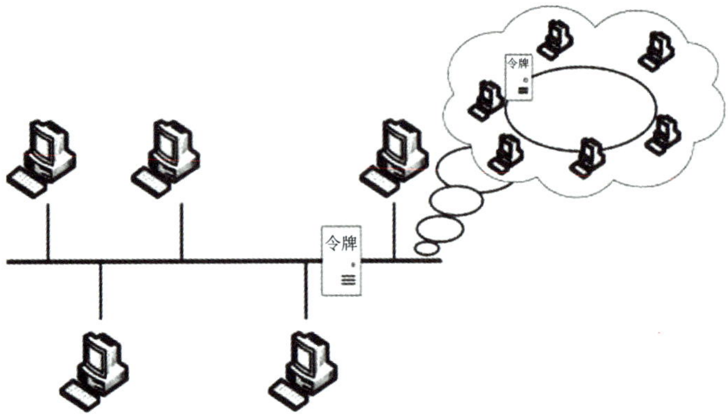

图 3-62　令牌总线介质访问控制方法

三、以太网和 IEEE802.3

（一）以太网

以太网（Ethernet）是计算机网络应用中最为广泛的一种局域网，它是1975年由美国施乐（Xerox）公司的PaloAlto研究中心和斯坦福（Stanford）大学联合开发成功的。最初的以太网是一种基带总线局域网，它的名字“以太（Ether）”曾经在历史上表示传播电磁波的介质。1976年7月，Bob-Metcalfe和DavidBoggs发表了具有里程碑意义的研究论文*Ethernet：Distributed Packet Switching for Local Computer Networks*。最初的以太网采用曼彻斯特（Manchester）编码，其核心技术是介质访问控制方法CSMA/CD。在以太网中，任何站点都没有特定的发送数据帧的时间。数据帧的发送是随机的，任何站点都必须平等地争用发送时间，不存在集中控制的站点，这种媒体访问控制方法属于随机争用型方法。

为了通信的简便，以太网采用无连接的工作方式，发送数据前不用预先建立连接。同时，它不要求接收数据的目的站点发回确认，只提供一种不可靠的服务，即尽最大努力服务。目的站点接收到有差错数据帧的时候，直接丢弃数据帧，不做其他处理。差错控制由高层实现。

目前，以太网按其传输速率可以分为1 Mbps、10 Mbps、100 Mbps、1G bps、10G bps、40 Gbps和100 Gbps以太网。每种以太网又按其物理介质的不同派生出多种物理子标准，形成了一个庞大的IEEE802.3标准系列。

以太网速度快，价格便宜，兼容性好，并且应用十分简单。标准的以太网交换机、集线器、网络接口卡（简称网卡）和电缆在几乎所有的营销商那里都可以买到，所以，它已成为国内外应用最为广泛的一种网络，成为网络技术的主流。

（二）IEEE802标准

IEEE802.3定义了有线以太网的物理层的数据链路层的介质访问控制。DIX Ethernet V_2标准与IEEE802.3标准只有很小的差别，因此可以将802.3局域网简称为“以太网”。

四、无线局域网和IEEE802.11

（一）无线局域网

无线局域网使用的传输介质一般有无线电波、红外线以及激光。相对于采用双绞铜线的传统局域网，无线局域网摆脱了线缆的束缚，解决了某些情况下布线困难的问题。

无线局域网传输介质的特性使无线局域网具有传统局域网所无法比拟的优点，但也给它带来不少的局限。无线局域网的优势在于提供可移动性，通信范围无环境限制，提供实时的网络接入功能，使用户能方便地获取信息。除此之外，无线局域网还具有灵活性、可伸缩性和经济性。所谓经济性，主要是指无线局域网可以用于物理布线困难的地方，节省线缆及其他附件的费用，省去布线工序，能够快速组网并投入使用。但由于无线信道的不可靠性使得信道的误码率较高，且频率资源有限，限制了无线局域网的带宽；同时，信道的非封闭性对无线局域网的安全性也产生一定影响。

根据无线局域网的应用场景，可以把无线局域网应用分成两类：室内应用和室外应用。室内应用主要是家庭和办公室应用，实现无线设备的短距离连接、移动办公等；室外应用是指通过一些无线设备（如无线网桥、无线路由等）连接组成园区网、校园网和社区网等。公共无线网接入（public access）是近年发展起来的无线局域网新应用模式。除此之外，另一类适合无线局域网应用的场合是需要临时组网和布线困难的地方。

（二）IEEE802.11标准

IEEE802.11是最典型的无线局域网标准。IEEE802.11标准体系主要是针对OSI开放式系统互联参考模型中的物理层和MAC层而制定的。

FHSS和DSSS最早由IEEE802.11标准定义。IEEE802.11是IEEE802.11标准体系中的第一个标准，提供1～2 Mbps的数据传输速率，适用于数据传输业务。OFDM和HR-DSSS分别应用于IEEE802.11a标准和IEEE802.11b标准。IEEE802.11a和IEEE802.11b是IEEE802.11的后续标准，分别提供高达54 Mbps和11 Mbps的数据传输速率，弥补了IEEE802.11在传输距离和速率上的缺陷。通过图3-63可以清楚地看到这4种扩频规范在IEEE802.11协议结构中所处的位置。

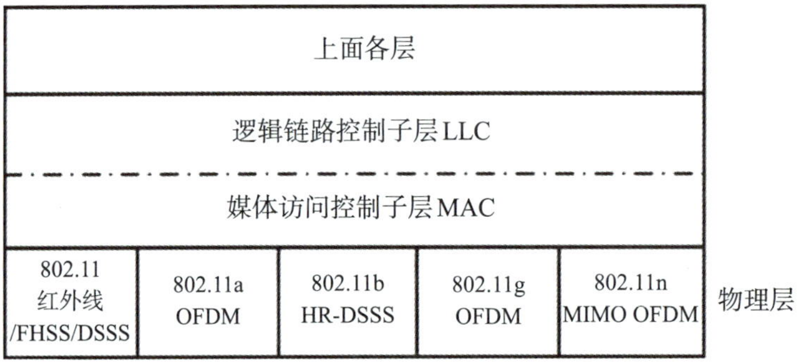

图3-63　IEEE802.11的协议结构

五、虚拟局域网

虚拟局域网（virtual local area network，VLAN）是为解决以太网的广播问题和安全性而提出的，同一个VLAN中的所有成员共同拥有一个VLAN-ID。

（一）虚拟局域网的划分方法

每一个VLAN都包含一组有着相近用途的计算机站点，那么，如何把这些站点划分到同一个VLAN中呢？VLAN的划分主要有以下4种方式。

1. 基于端口划分VLAN

基于端口的划分方法是把一个或多个交换机上的几个端口划分为一个逻辑组，如图3-64所示，根据需求将两台交换机的端口划分到三个VLAN中。

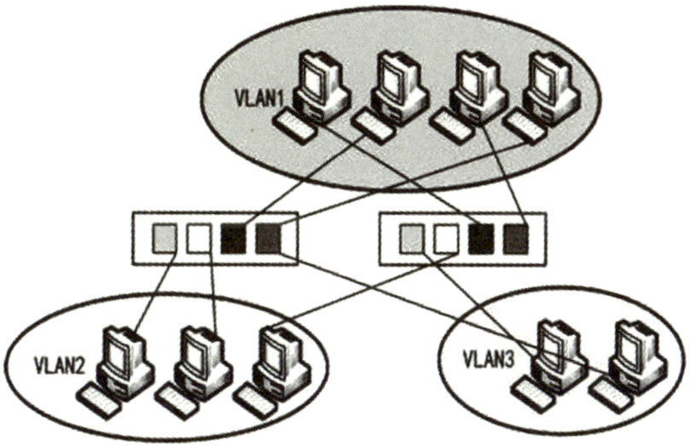

图3-64 基于端口划分VLAN

2. 基于MAC地址划分VLAN

MAC地址是连接在网络中的每个设备网卡的物理地址，每个网卡都有独一无二的MAC地址。当某一站点的物理位置变化时，只要其网卡不变，即MAC地址固定，它仍属于原来的VLAN，无须网管对其重新配置。同时，由于MAC地址属于数据链路层，它独立于网络的高层协议。

3. 基于网络层划分VLAN

最常见的是根据TCP/IP中的子网段地址来划分VLAN。按此方式划分VLAN需要知道子网地址与VLANID号的映射关系，交换设备根据子网地址将各主机的MAC地址与某一VLAN联系起来。采用这种方法，VLAN之间的数据转发不需要通过路由器。

4. 基于IP组播划分VLAN

利用IP组播来划分VLAN的方法具有很高的灵活性，各站点可以动态地加入某一个VLAN中。借助于路由器，可以很容易地将VLAN扩展到WAN上。

（二）虚拟局域网的优点

把物理网络划分成VLAN具有如下的优点。

1. 简化了网络的管理和维护工作，增加了网络连接的灵活性

VLAN中的站点和服务器可以不受地理位置的限制，在组建网络过程中，对一些相关的站点和服务器可以集中在一起，也可以分散在不同的地理区域，如公司的不同部门、不同办公场所等，只需要将它们划分到同一个VLAN中，就可以方便地进行通信。同时，当网络中用户出现了移动、增加和删除时，网络管理员可以十分方便地对VLAN进行重组。

2. 实现虚拟工作组

虚拟工作组能使完成同一任务的不同成员不需要集中到同一个办公室中，工作组成员可以在网络中的任何物理位置通过VLAN联系起来，可以像处于同一LAN上那样进行通信。

3. 减少了路由器的使用

在没有路由器的情况下，使用可支持虚拟局域网的交换机可以很好地控制广播流量。在VLAN中，从服务器到客户端的广播信息只会在连接到虚拟局域网客户机的交换机端口上被复制，而不会广播到其他端口，只有那些需要跨越虚拟局域网的数据包才会穿过路由器，在这种情况下，交换机起路由器的作用。因为在使用VLAN的网络中，路由器用于连接不同的VLAN。

4. 有效地控制网络广播风暴

使用VLAN技术可以防止交换网络的过量广播风暴，将某个交换端口或者用户定义给特定的VLAN，广播风暴就不会送到VLAN之外相邻的端口，这些端口不会受广播风暴的影响。

5. 增强网络的安全性

将整个网络划分成若干个互相独立的广播组，限制某个VLAN中的用户数量，可以禁止那些没有得到许可的用户加入某个VLAN中，还可以通过配置VLAN之间的路由来提供广播过滤、安全和流量控制等功能。这样，VLAN就可以提供一道安全防火墙，可以禁止那些没有得到许可的用户

加入某个VLAN中，以控制用户对网络资源的非法访问；同时，还可以控制广播组的大小和构成，限制不同VLAN之间的通信，从而确保了网络的安全保密性。

六、局域网的特点

局域网通常具有如下特点。

（1）覆盖有限的地理范围，一般为数百米至数千米，可以包括一幢大楼、一所校园。

（2）数据传输速率高，通常为10～1000 Mb/s，目前已有万兆、十万兆局域网出现；传输延时小，可交换各类文本和非文本（如语音、图像、视频等）信息。

（3）传输质量好，响应速度快，误码率低（通常低于10^{-11}～10^{-8}），可靠性高。采用短距离基带传输，使用高质量的传输介质，出现差错的概率非常小；并且局域网多为专用，噪声和其他干扰因素影响小，从而保证了数据传输质量。

（4）能够方便地共享网内资源，包括主机、外部设备、软件、数据。

（5）以PC机为主体，多采用客户机/服务器工作模式。

（6）可采用多种通信介质。例如，双绞线、同轴电缆、光纤或无线介质，可根据不同的需求选用，适应多种拓扑结构。

（7）局域网一般为一个组织所拥有，由该组织维护、管理和扩建。

（8）局域网一般仅包含OSI参考模型中的低两层功能，即仅涉及通信子网的内容。所以，连到局域网的计算机必须加上高层协议和网络软件才能组成计算机网络。

（9）协议简单、结构灵活、建网成本低、周期短，便于管理和扩充；系统的可靠性、可用性、可维护性好。

（10）多采用分布式控制和广播式通信。

3.3.3 因特网

互联网（internet），又称网际网络，使用互联网，人们可以与远在千里的朋友相互发送邮件、共同完成一项工作、共同娱乐，它是信息社会的基础。

通常以小写字母“i”开始的internet指互联网，是一个通用名词，泛指由多个计算机网络互联而成的网络，网络之间的通信协议可以是任意的；而以大写字母“I”开始的Internet则特指因特网，是一个专有名词，指当前全球最大的、开放的、由众多网络相互连接而成的特定计算机网络，是一个包含了无穷无尽的信息共享资源，并向全世界提供信息服务的计算机网络。Internet是一个以TCP/IP网络协议连接全球各个国家、各个地区、各个机构计算机网络的数据通信网；同时，Internet是一个集各部门、各领域、各种信息资源为一体，供网上用户共享的全球最大的、开放的信息资源网。

一、Internet的组成

Internet目前可分为三个层次，分别是主干网、中间层网和底层网。最高层是主干网，是整个网络世界的基础和支柱网络层，一般由国家或大型公司投资组建；中间层网由地区网络和商用网络构成；底层网则主要企业网和大学校园网构成。Internet采用三层网络结构，主要是由于在各层中通信所需要的数据传输速率不同。在主干网上，需要使用传输距离远、数据传输速率高且误码率低的通信线路和通信设备；中间层网和底层网的通信条件相对低一些。根据不同的条件选用不同的设备和线路，不仅可以合理投资，而且有利于保障系统的安全性。

因特网主要由通信线路、路由器、服务器与客户机、信息资源4部分组成。

（一）通信线路

通信线路是因特网的基础设施，没有通信线路就没有因特网。

（二）路由器

因特网不同网络之间的互联是靠路由器设备来实现的。数据从源端主机传送到目的端主机，通常要经过多个网络。

（三）服务器与客户机

服务器是接入因特网的重要设备，为客户机提供不同的信息服务和其他服务；客户机是因特网的末端设备，安装了各类因特网服务软件就可以作为客户机访问因特网。

（四）信息资源

因特网上的信息资源极为丰富，且在不断地增加和更新。因此，如何组织好因特网上的信息资源，方便用户查询、获取和使用，是因特网发展过程中需要不断解决的问题。

二、TCP/IP协议

因特网中主要使用的协议是TCP/IP协议。TCP/IP协议是一组通信协议的代名词，是由一系列协议组成的协议族，对Internet中主机的命名机制、主机寻址方式、信息传输规则等均做了详细规定。现在，Internet已深入人类生活、学习、工作和娱乐的方方面面，Internet中的网站数量已超过数十亿。随着Internet的高速发展，TCP/IP协议和体系结构已经成为业内公认的技术标准。TCP/IP参考模型由网络接口层、网际层、传输层和应用层4部分组成，其他参考模型与协议族如下。

（一）SNA/APPN参考模型

SNA（系统网络体系结构，systems network architecture）是IBM公司开发的网络体系结构，采用了IBM大型机使用的主机到终端的通信模型，提供IBM大型机网络环境中配置和管理系统资源的服务。

OSI七层参考模型参考了IBM的SNA模型。SNA模型只有6层，它没有为物理控制层定义任何特殊协议，物理控制层是通过其他标准实现的。为了与TCP/IP网络相连接，IBM推出了APPN（高级对等网络，advanced peer-to-peer networking）。

（二）IPX/SPX协议

IPX（互联网络分组交换，internet work packet exchange）/SPX（顺序分组

交换，sequenced packet exchange）是Novell公司为NetWare操作系统设计的网络体系结构，IPX和SPX是该体系结构中最重要的两个协议。IPX相当于TCP/IP协议族中的IP协议，主要用于对互联网络中的分组进行路由选择和转发。SPX运行在IPX之上，相当于TCP/IP协议族中的TCP协议，提供面向连接的数据传输服务。

（三）AppleTalk协议

AppleTalk协议用于Apple系列的个人计算机。协议栈中的各种协议用来提供通信服务，如文件服务、打印、电子邮件和其他一些网络服务。通过以太网网桥，使用LocalTalk或者Apple机制提供以太网扩展板（Add-in-Boards）等途径，能够实现其他网络媒体（如以太网）与AppleTalk之间的连接。另外，AppleTalk协议中包含很多第三方应用程序。

三、网络互联设备

网络互联设备是实现网络之间物理连接的中间设备。根据网络互联层次的不同，所使用的网络互联设备也不同，它们为计算机网络提供了数据传输和交换的功能，是组成计算机网络的硬件基础。

（一）网卡

网卡（network interface card）又称网络适配器，是物理上连接计算机与网络的硬件设备，是计算机与局域网通信介质间的直接接口，如图3-65所示为内置式网卡的外观。目前，几乎所有接入网络的计算机都需要使用到网卡，网卡质量的好坏，直接影响计算机网络传输的稳定性和传输速率。每一张网卡都有一个被称为MAC地址的独一无二的48位串行号，它被写在卡上的一块ROM中。在网络上的每一个计算机都必须拥有一个独一无二的MAC物理地址，没有任何两张被生产出来的网卡拥有同样的地址。这是因为电气电子工程师协会（IEEE）负责为网络接口控制器（网卡）销售商分配唯一的MAC地址。

图3-65　内置式网卡

（二）调制解调器

调制解调器是“调制器—解调器”的简称，大家常称它为“猫”，是其英文Modem的谐音，如图3-66所示为中国电信的一款外置式调制解调器。调制解调器的一端连接计算机，另一端连接电话线接入电话网（public switched telephone network，PSTN），通过Internet服务提供商（internet ser-rice provider，ISP）接入Internet，使一台计算机能够通过电话线与另一台计算机进行信息交换。

调制解调器把将要发送的数字信号转换成在传输线路上使用的模拟信号的过程称为“调制”，把从电话线上接收到的模拟信号转换为计算机能够使用的数字信号的过程称为“解调”，这过程就相当于是模拟信号和数字信号的“翻译员”。调制解调器就是不断地在调制和解调之间进行切换，使用户的计算机通过普通电话线也能连接到网络的通信设备。

图3-66　外置式调制解调器

（三）中继器

基带信号沿线路传播时会产生衰减，所以当需要传输较长的距离时，或者说需要将网络扩展到更大的范围时，就要采用中继器。中继器（repeater）是OSI参考模型中的物理层的设备，是最简单的网络互联设备，它可以将局域网的一个网段和另一个网段连接起来，主要用于局域网—局域网互联，起到信号放大和延长信号传输距离的作用。中继器的应用，如图3-67所示。

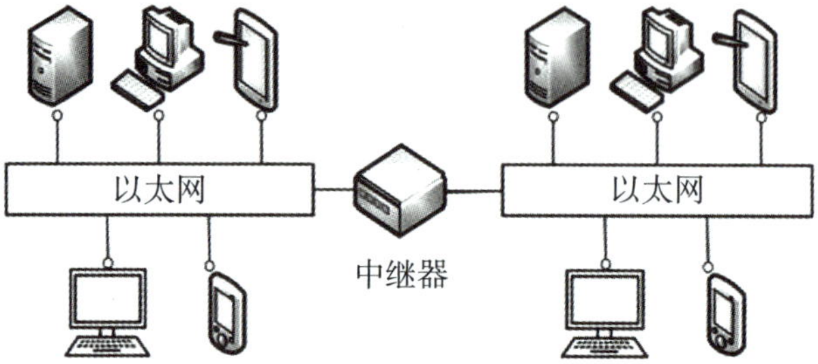

图3-67　中继器的应用

（四）集线器

集线器（hub）是一种特殊的中继器，它有一个端口和主干网连接，而其他的端口连接一组工作站。图3-68是一个典型的集线器的示意图。

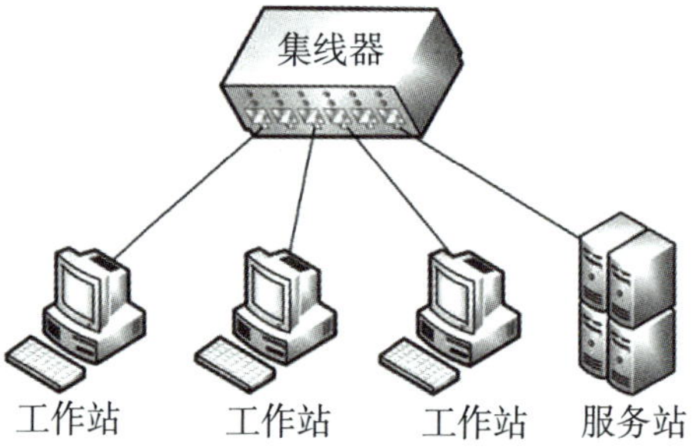

图3-68　集线器的网络结构

集线器的作用是将多台计算机和网络设备连接在一起构成共享式局域网，同时它将信号进行整形放大，复制到其他端口，起到对信号进行中继的作用。

（五）网桥

网桥类似于中继器，也用于连接两个局域网段，但它工作于较高一层的数据链路层，它是一种存储转发设备，常用于互联局域网。网桥的网络结构，如图3-69所示。

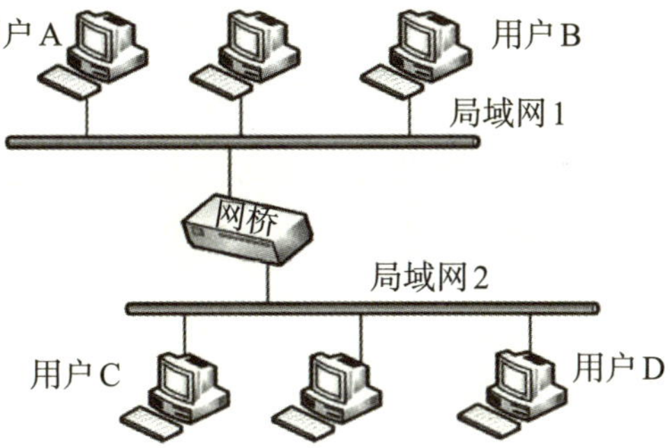

图3-69　网桥的网络结构

网桥的主要作用是检查帧的源地址和目标地址，如果目标地址和源地址不在同一个网段上，就把帧转发到另一个网段上；若两个地址在同一个网段上，则不转发，所以网桥能起到过滤帧的作用。网桥的帧过滤特性很有用，当一个网络由于负载加重时，用网桥把它分成两个段，并使得段间的通信量保持最小。例如，把分布在两层楼上的网络分成每层一个网段，段中间用网桥相连。这样的配置可以缓解网络通信繁忙的程度，提高了通信效率。

（六）交换机

交换机与网桥一样，能够识别数据包中的MAC地址信息，根据MAC地址进行转发，实现将多台计算机和网络设备连接在一起构成交换式局域网。交换机每个端口都具有桥接功能，可以连接一个局域网或一台高性能服务器或工作站，交换机也被称为多端口网桥。典型交换机组建的局域网结构如图3-70所示。

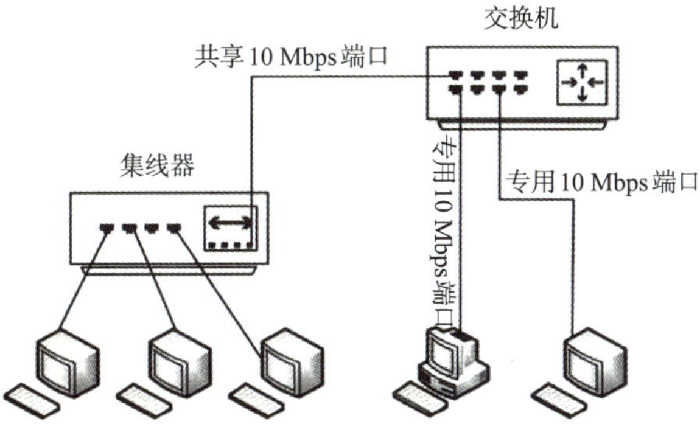

图3-70　交换机组建的局域网结构图

（七）路由器

路由器是一种多端口设备，它可以连接不同传输速率并运行在不同环境下的局域网和广域网。随着网络规模的扩大，特别是形成大规模广域网环境时，网桥不能满足要求，路由器则加强了路径选择、拥挤控制及网络管理等方面的功能。

路由器工作在OSI参考模型的第三层网络层，属于DTE级（数据终端设备，data terminal equipment）的端到端网络互连结构。其主要作用是转发网络层报文，找出一条最佳的传输路径，通过逐站传递的方式，把网络层报文从源节点传输到目的节点。路由器不像前面所讲到的网桥和交换机，路由器是依赖于协议的，在使用某种协议转发数据之前，必须被设计或者配置成能识别该协议。

四、因特网的功能和服务

（一）因特网的基本功能

1. 资源共享功能

因特网从它发展的第一天起，就将充分利用计算机系统软硬件资源作为主要目标之一。计算机的许多资源是十分昂贵的，如高速计算机、大型数据库、应用软件及某些特殊外设等。但是，通过因特网，用户可以共享分散在不同地区的各种软硬件及数据库。另外，共享数据库，扩大信息使用的范围，对信息社会的发展具有更重大的意义。

2. 计算机间的通信功能

不同地区的网络用户可通过网络快速且可靠地相互传送信息。

3. 均衡负荷功能

当某个处理系统的负荷过载时，可以将新的作业通过网络转送至其他主机系统处理，使均衡负荷，减轻局部负担。

4. 分布处理功能

当需要处理一个特大作业（综合性的大型问题）时，可以采用适当的算法，将这些作业通过网络分散至多个主机系统中进行分布式处理，提高处理速度，充分发挥设备的利用率。通过这种方法，可以利用各地的计算机资源进行重大科研项目的联合开发和研究。

5. 集中处理功能

通过因特网，将某个组织的信息进行分散、分级，或集中处理与管理，这是因特网的最基本功能。

6. 提高可靠性

可靠性对军事、银行、工业过程控制等部门是非常重要的。有了因特网，当某台机器出故障，可以使用网络中的另一台机器；当某条通信线路不通，可以使用另一条线路。

7. 综合信息服务功能

因特网可以向全社会提供各种经济信息、科技情报和咨询服务，如医疗、教育、多媒体信息等。

8. 提高系统的性能价格比，维护方便，扩展灵活

大型计算机的处理能力强，运算速度快，但价格昂贵。许多系统设计者则用多台功能较强的个人计算机来组成计算机网络系统，性能价格比明显提高。当系统工作负荷增大时，只要增加更多的个人计算机，就能逐步改善系统的性能。

（二）因特网的基本服务

因特网在其基本功能的基础上，提供了许多非常有效且必需的服务。

1. 文件服务

文件服务是因特网中的核心任务，它包括对数据文件的有效存储、提取、管理以及传输。文件服务执行对网络客户读、写、访问控制及数据管理等操作，有效地管理一个文件的多次复制，对重要的文件、关键数据进行复制与备份。

由于文件服务提高了存储器的使用效率和计算机数据的提取性能，所以它是因特网提供的主要服务之一。

2. 应用服务

应用服务是一种向网络客户提供异地处理的能力。它能代替网络客户

运行所需的应用软件，处理某些数据的服务。

应用服务具有协调硬件及软件能力，能成为某些实用程序的最佳应用环境，以实现在网络上仅增加或加强个别关键硬件，而无须对每一台计算机进行升级即可获得网络整体的处理能力。

3. 消息服务

消息服务也称报文服务，其内容包括对正文、二进制数据、图像数据以及数字化声像数据的存储、访问和发送。消息服务能够主动地处理网络用户之间、应用程序之间或者文件之间的交互式通信。消息服务不是简单地将数据文件存储起来，而是将数据一站一站地往前传送，且通知等待这些数据的用户或程序去接收数据。

4. 打印服务

打印服务也是网络应用的一个重要方面，用于控制和管理打印终端设备的访问。打印服务的项目包括：接受打印作业请求，解释打印作业格式，进行打印设备的配置，管理打印队列，为网络用户充当中介。通过网络打印服务可以相对减少整个网络所需要的打印机数量，特别是一些价格昂贵的打印机。

5. 数据库服务

数据库服务也称为客户机服务器数据库系统。它提供进行数据或信息存储和提取的操作，允许网络上的客户（客户机）控制数据的处理以及表示，允许客户向这些指定服务器发出数据操作的请求，并及时响应和处理。

6. 集中式和分布式网络服务

按照网络的工作方式分类，共有两种类型：集中式网络服务和分布式网络服务。具体采用哪种网络服务方式，主要有以下依据。

资源控制：如果使用网络的机构对所拥有的网络资源需要特别的监视和控制，以保障网络资源的安全性，那么，可将网络服务的软硬件集中到一个指定的集群中，使用管理软件进行监控。如果采用分布式网络服务就难以保证网络资源的安全性。

专用服务器：有些机构拥有多台服务器，且业务量也很大，可能将一些业务量较大的项目设置为专用的服务器。

网络操作系统：由于每一种网络操作系统都有它的优势和局限性，因此，还没有一种网络操作系统能够适合各种服务方式。建网的机构可根据所使用的网络操作系统来确定其服务方式。

7. 网络管理服务

随着网络变得越来越庞大，网络管理会成为一个中心问题。特殊的网络管理软件的出现可以帮助网络管理员监视整个网络的运行情况，简化网络的管理工作，方便网络问题的解决。网络管理的一般服务如下。

（1）对流量进行监视和控制并进行负载平衡，对于那些很难预测提交给服务器的请求数量的网络来说，负载平衡特别重要。

（2）地址管理可以集中管理整个网络有限的网络地址，从而减少机器地址的相互冲突，否则冲突中的另一台机器不能正常上网。

（3）硬件诊断可以由系统进行，并及时通知网络管理员。

（4）许可证跟踪可以决定网络中当前正在使用某个应用程序的拷贝数，这对法律诉讼很重要，可以避免非法软件的拷贝。

（5）数据的备份和恢复。当原来的文件和数据丢失或被删除时，可以通过原来的安全区域的数据备份进行恢复。

五、物联网与因特网的关系

因特网是以计算机网络为核心构建起来的网络，主要解决人到人（human to human，H2H）的连接。物联网是物品识别和感知等技术与计算机网络结合而产生的新型网络，主要解决物到物（thing to thing，T2T）、人到物（human to thing，H2T）之间的连接。

因特网连接人，而物联网不仅可以连接人，还可以连接物；因特网连接的是虚拟世界，物联网连接的是物理世界。物联网是因特网的自然延伸，因为物联网的信息传输基础仍然是因特网，只不过其延伸到了物品与物品之间、人与物之间，而不再是单纯的人与人的相连。

（一）应用领域

互联网通过TCP/IP技术互联全球所有的数据传输网络，应用目的单一，因此在较短时间实现了全球范围内人到人（H2H）的通信，达到了全球信息的互通与互联。物联网与互联网不同，物联网是与许多关键领域物理设备相关的网络，其以实际应用为出发点，网络终端形式多样、技术复杂，是自动化控制、遥控遥测及信息应用技术的综合展现。物联网是互联网在不同领域的具体应用。

不同应用领域的物联网均有各自不同的属性。由于不同应用领域具有完全不同的网络应用需求和服务质量要求，只有通过专业联网技术才能满足物联网的应用需求。正是因为物联网应用的特殊性，才使得物联网无法再复制互联网成功的技术模式。

（二）终端数量

在一个计算机局域网下，终端数量多数情况下都在100台以下；因为物联网面对的是海量终端的接入，在一个局域物联网下，终端数量往往可能在1 000台以上。不光是终端数量多，还可能会有终端设备随时加入局域物联网中。因此，终端数量的增多和新设备的随时加入，对网络协议的要求就是要有较强的自我扩展性。但是扩展性太强的网络，其安全性就会有所下降。

（三）网络覆盖范围

对于计算机局域网来说，通常情况覆盖范围就是室内，或者是一个办公室，最大可能是一个建筑体。但是局域物联网通常是在室外，可能覆盖的是几栋楼、一个厂区、一个街区，甚至是一个园区乃至多个城市。局域物联网的一个单元的覆盖距离在1～2 km范围内比较合适，这是根据近距离无线通信自身最大传播距离决定的。覆盖范围的不同，必然会对网络协议及组网技术提出不同的要求。

（四）数据的上行与下行

在计算机网络中，每台终端的使用者都是人，网络的数据流量是流向每台计算机，因此计算机网络中数据以下行为主。在物联网中，终端是要将数据采集并上报，那么数据流量以上行为主。数据上行和下行这一最基本状况的改变，必然对现有的网络协议提出新的要求。

（五）终端多样性及自我标识

在传统的互联网中，网络终端能力相对单一，要么是手机，要么是计算机。但是在物联网领域，不同行业、不同功能的物联网终端会非常多，物联网终端设备的能力也会千差万别，有的功能可能只是数据采集，有的可能有计算和通信功能，有的可能是集中控制器。

在传统的互联网中，从网络协议角度来看，其设备是无差别的。但是物联网终端设备具有众多的标识方式：二维码、RFID和蓝牙地址等。如何从网络协议上去命名这些设备也是一个重要的研究方向。

（六）稳定性和安全性要求

互联网在短时间内实现了全球信息的互通与互联，但也带来了难以克服的安全性和服务质量等一系列问题。例如，互联网保密性不强，电子邮件时常丢失。

虽然物联网技术基础仍然是计算机及计算机网络技术，但传统的TCP/IP协议并不适用于整个物联网，需要进行改进或升级。具体到如何设计适用于物联网的网络协议，需要在物联网行业实施过程中不断总结、归纳，并定义出适合自身的物联网网络协议簇体系。

六、因特网在物联网的应用案例：铁路智能化网络视频监控系统

铁路智能化网络视频监控系统整体方案，如图3-71所示。

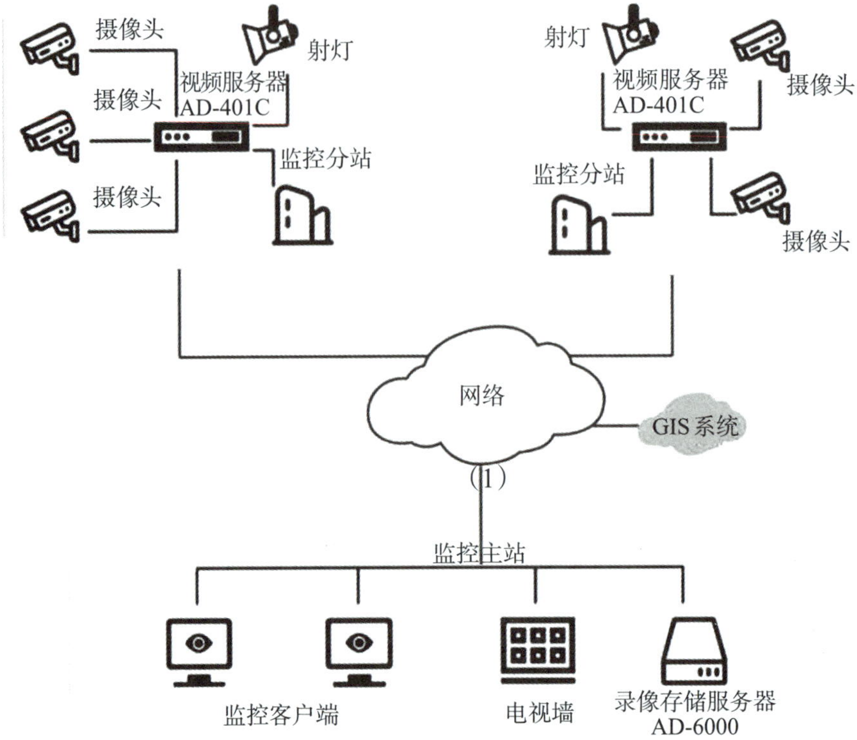

图3-71　铁路智能化网络视频监控系统

3.4　卫星通信

3.4.1　卫星通信系统

一、卫星通信的基本原理

卫星通信的基本原理是通过地球上的发射站将信号发射到卫星上，再由卫星信号转发到接收站。为了能够同时在两个方向上传输流量，要求使用两个信道，每个方向一个信道。如图3-72所示。

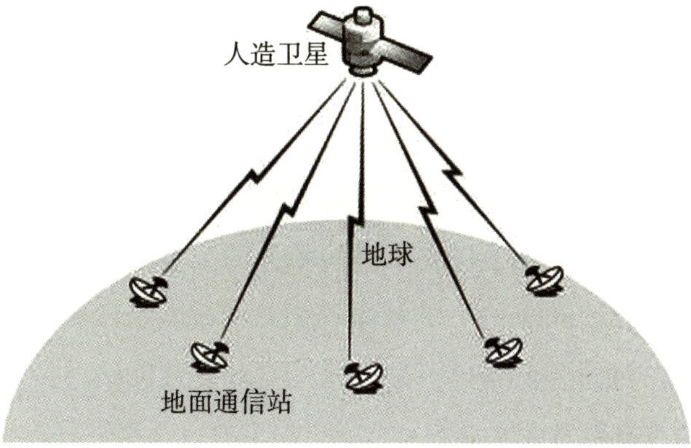

图3-72 卫星通信示意图

卫星通信使用的频段涵盖L，S，C，Ku，Ka等，具体见表3-6。

表3-6 卫星通信的频段

频段	下行链路/GHz	上行链路/GHz	带宽/MHz	问题
L	1.5	1.6	15	低带宽、拥挤
S	1.9	2.2	70	低带宽、拥挤
C	4.0	6.0	500	地面干扰
Ku	11	14	500	雨水
Ka	20	30	3500	雨水、设备成本

二、卫星通信系统组成

（一）空间段

空间段通常由一颗或多颗通信卫星组网而成。通信卫星包括高轨道卫星、中轨道卫星、低轨道卫星、深空卫星。

中轨道卫星覆盖全球则需要十至十几颗。低轨道卫星系统的轨道高度低，单颗卫星对地覆盖面积较小，覆盖全球的低轨道卫星往往需要多达数十颗至上百颗，相对于地面有着高速移动（平均过顶时间仅有几分钟），并且星座的网络拓扑不断变化。但低轨道卫星系统传输时延及路径损耗小，因此正成为卫星通信的一个重要发展方向。

卫星通信链路包括深空通信和其他。

深空通信：ITU-T（国际电信联盟电信标准分局）规定距离地球200万千米以上的宇宙空间为深空，深空航天器与卫星的通信为深空通信。

其他：如卫星与地面站/航空器之间或地面站之间的链路等。

卫星通信未来的发展方向必然是将相关的卫星组成一个网络，这就是天基网（space based network）的基本思想。天基网是一种以各种类型的卫星为网络节点，通过星际链路互联起来的空间无线网络系统。另外，自由空间激光通信具有带宽大、天线尺寸小、抗干扰、保密性好等优点。

（二）地面段

卫星通信的地面段包含网络控制中心（network control center，NCC）、信关站以及其他地面设施。NCC负责管理卫星资源，监视卫星轨道工作，控制整个系统的运行；信关站负责把卫星段与地面段连接起来，实现全球通信。

（三）用户段

用户段即用户终端，可以是固定接收端、车载移动终端或者手持机。

3.4.2 北斗卫星导航系统

北斗卫星导航系统是我国自主建设、独立运行的全球卫星导航系统。2000年年底，建成北斗一号系统，向我国提供服务；2012年年底，建成北斗二号系统，向亚太地区提供服务；2020年，建成北斗三号系统，向全球提供服务。

北斗系统在物联网的应用案例有京东北斗物流。京东物流北斗建立了30多万个末端站点，物流服务人员超500万人，让数量庞大的商品以最快的速度完成每一个环节的工作，将涉及仓储、拣货、复核、打包等环节的代码构建智慧大脑。京东北斗物流运营的各工作环节实现了极大优化，提升工作效率，减少人为失误，实现流程的自动化、智能化升级。

3.4.3 天基通信网络

天基通信网络是卫星技术和通信技术相结合的产物，能解决地面基站覆盖范围小、应用场景受限等多方面的问题。天基通信网络一颗卫星的覆盖范围是地面基站的几百倍，接入的终端数量也是地面基站无法比拟的。目前物联网应用很多受限于如海洋、森林、自然保护区等地域场景。有了天基通信网络和地面基站的配合，通信网络的全球覆盖将成为现实，万物互联将不再受到地域场景的限制。

本章小结

网络是信创物联网最重要的基础设施之一，它主要将来自感知层的信息通过各种承载网络进行海量信息传输，并安全可靠地传输到平台层。本章围绕蜂窝网络、非蜂窝网络、计算机网络、卫星通信等四个方面，对物联网网络通信技术的基本概念、技术特点和应用等进行了详细介绍。

通过本章的学习，希望读者能够对物联网中典型的通信技术和组网方式有一个系统的了解和常规的认识。

第四章

物联网平台

物联网平台作为物联网重要的组成部分，是集成了设备管理、数据安全通信、消息订阅等功能的综合管理平台。物联网平台向下支持管理连接采集设备，采集海量数据；向上提供应用接口，通过调用接口将指令下发至设备端，进行远程管理。

4.1 物联网操作系统

物联网操作系统是工作在物联网平台上的软件，具有扩展或延伸能力，可以进行远程访问能力、历史数据记录和分析能力、多个设备的协同功能等。

物联网操作系统是一个相对比较新的概念，通用物联网平台可以让开发者专注于应用和设备的开发，不必考虑后台服务的开发，这样大大地节省了开发的开销。物联网平台通常提供设备接入、反向控制设备、设备管理、数据采集、数据分析和检索、数据展示、系统服务等功能。

4.2 云计算

云计算（cloud computing）是一种新的计算模式，是在网络时代应运而生的技术制高点，将引发信息产业革新以及互联网、物联网商业模式的变革。云计算是物联网发展的基石，物联网的发展依赖于云计算系统的完善。

在云计算中，根据其服务集合所提供的服务类型，整个云计算服务集合被划分成4个层次：应用层、平台层、基础设施层和虚拟化层。云计算体系结构中的每一层都对应着一个子服务集合，层次是可以分割的，即某一层次可以单独完成一项用户的请求而不需要其他层次为其提供必要的服务和支持。云计算服务层次，如图4-1所示。

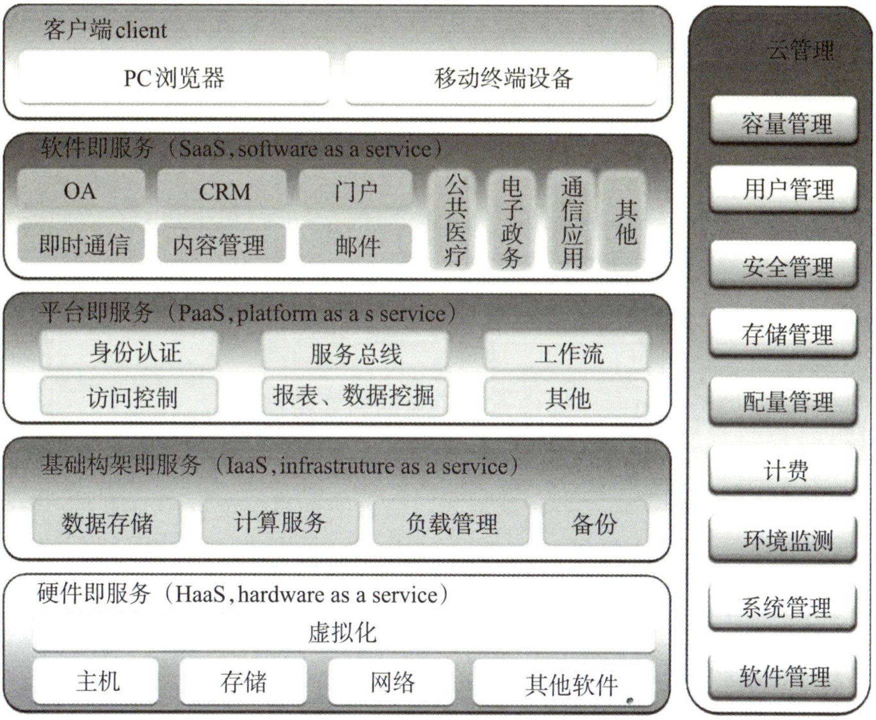

图4-1 云计算服务层次

云计算的主要服务类型分为IaaS、PaaS和SaaS三个层次。software as a service（软件即服务）是将应用主要以基于Web的方式提供给客户；platform as a service（平台即服务）是将一个应用的开发和部署平台作为服务提供给用户；infrastructure as a service（基础设施即服务）是将各种底层的计算（如虚拟机）和存储等资源作为服务提供给用户。

从用户角度而言，这三层服务是独立的，它们提供的服务完全不同，且面向的用户也不尽相同。但从技术角度而言，云服务之间是有一定依赖关系的。例如，一个SaaS层的产品和服务不仅需要用到SaaS层本身的技术，还依赖PaaS层所提供的开发和部署平台，或者直接部署于IaaS层所提供的计算资源上，而PaaS层的产品和服务也很有可能构建于IaaS层服务之上。

4.3 慧安蜂巢物联网操作系统平台

4.3.1 慧安蜂巢物联网操作系统平台简介

慧安蜂巢物联网操作系统平台（以下简称慧安蜂巢平台）在本质安全的基础架构上，利用云、人工智能、5G、大数据、中台等技术自主研发，为用户提供可信的数据感知、融合、处置、调度的物联网“大脑”。

一、慧安蜂巢物联网操作系统平台的主要特点

采用国产OS与CPU，从根本上保障系统安全，实现了从基础平台到上层应用全自主可控，扎实有效地增强了信息安全与自主可控的能力，解决不稳、不强、不安全的综合性问题，填补了物联网领域国产化系统级产品的空白。

二、慧安蜂巢物联网操作系统平台的功能

（1）多设备接入：以物联网设备接入为主，包含各类安防设备、各类传感器、各类网关。

（2）多业务联动调度：慧安蜂巢平台作为业务大脑，联动各类接入设备，满足客户使用需求。例如，防盗入侵探测器联动摄像机实现可视化防盗报警；动环异常推送管理员手机并联动摄像机远程可视化取证；紧急事件联动门禁自动开启疏散通道；紧急事件，如火灾等启动预案联动摄像机、门禁、广播、梯控，各系统自动化快捷启动，保证人员快速疏散，并服务于应急指挥。

（3）多种物联网协议兼容：平台支持MQTT、HTTP、CoAP、Modbus等协议，支持用户现有平台对接，将多种物联网协议转化为统一网络协议，利于与用户上层平台对接。

（4）多国产化基础底座兼容：基于麒麟操作系统，兼容鲲鹏、飞腾、龙芯、兆芯等多种国产CPU，并支持X86架构。

慧安蜂巢基于远程RPC调用进行设备控制，并挖掘数据中可用的信息，可以对历史数据集进行合理训练，产生可用的模型，实现从平台数据模型自主调用“物”的协同过程，为数据和设备产生额外价值。平台可以联动慧安蜂巢边缘计算盒子，将原有存量摄像头做智能化升级，并将数据传输至慧安蜂巢物联网操作系统平台，平台将对数据进行应用。

4.3.2 慧安蜂巢物联网操作系统平与台微软、亚马逊平台的对比

一、平台定位对比

微软Azure IoT平台定位：从各种设备接收大规模数据，以及管理这些设备的授权和限制。将设备连接到云并接收事件数据时，监视此数据流，以获得对业务的见解、促进效率提升及精简业务流程。

亚马逊AWS IoT平台定位：可以托管的云平台，使互联设备与云应用程序及其他设备交互。应用程序可以随时跟踪所有设备并与其通信，即使这些设备未处于连接状态也不例外。

慧安蜂巢平台定位：通过物物互联、物物联动的机制让不同种类和品牌的传感设备互动，实现“物”与“物”的“1+1>2”效应，提升了物联网

设备的潜在价值，并同时管控系统的“后门”和“漏洞”，实现真正意义上的物联网安全。

二、体系架构对比

微软Azure IoT平台架构，如图4-2所示。

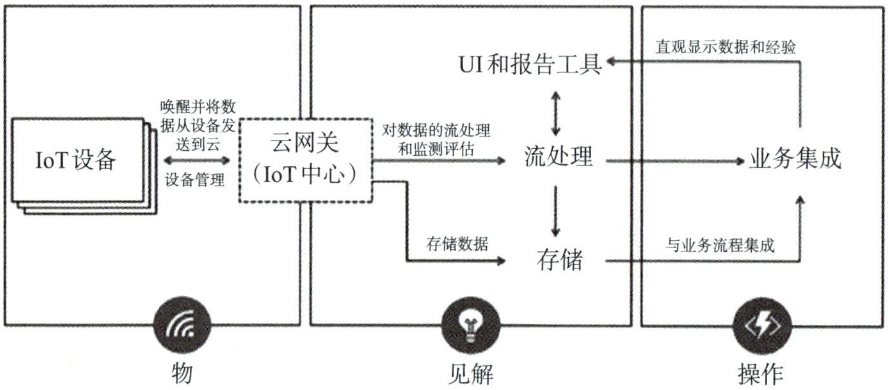

图4-2 微软Azure IoT平台架构

亚马逊AWS IoT平台架构，如图4-3所示。

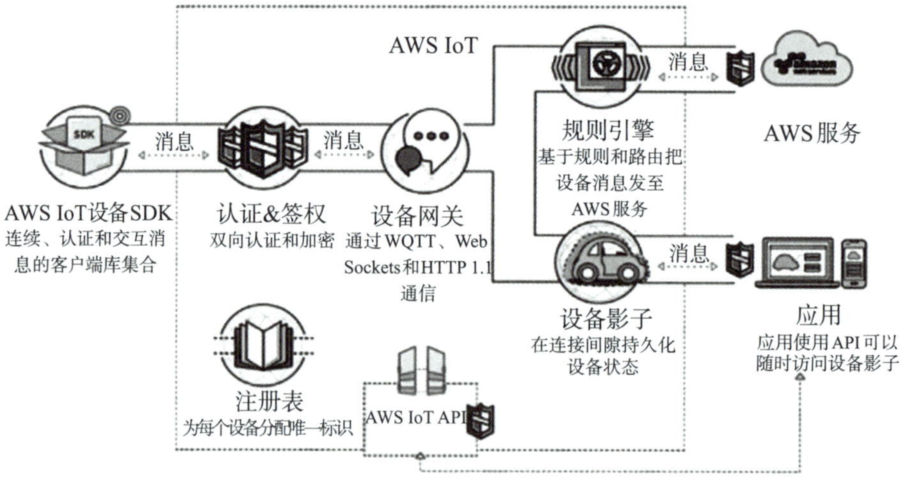

图4-3 亚马逊AWS IoT架构

慧安蜂巢平台架构，如图4-4所示。

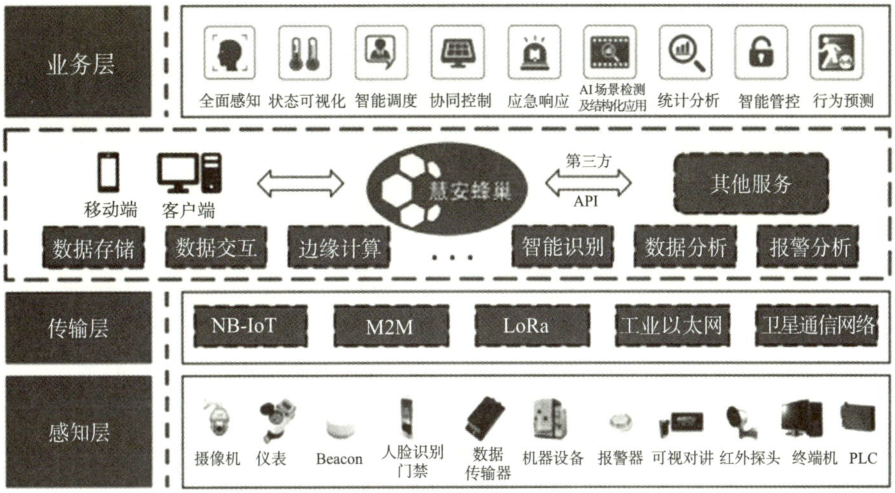

图4-4　慧安蜂巢平台架构

三、设备SDK对比

微软Azure IoT平台的设备SDK：支持C、C#、Java和JavaScript等语言，支持许多Linux分发版、Windows和实时操作系统。

亚马逊AWS IoT平台的设备SDK：使用MQTT、HTTP或Web Sockets协议将硬件设备连接到AWS IoT，硬件设备无缝安全地与AWS IoT提供的设备网关和设备影子协作。支持C、JavaScript、Arduino、Java和Python等语言，包含开源库、带有示例的开发人员指南和移植指南，用户根据硬件平台构建IoT产品或解决方案。

慧安蜂巢平台的设备SDK：支持市面上大部分传感器标准和非标准通信协议，可以用最快的方式接入物联网设备并将其纳入平台管理中，连接迅捷。兼容龙芯（MIPS指令集）、飞腾（ARM架构）、鲲鹏（ARM架构）、兆芯（X86/X86-64位架构）、海光（X86/X86-64位架构）、申威（alpha架构）、海思（ARM架构）等国产CPU和Kylin，UOS等国产操作系统。支持视频源、非视频源设备、智能网关等多源前端设备，并支持数据处理分析融合展示。

四、规则引擎对比

亚马逊AWS IoT平台的规则引擎：规则引擎验证发布到AWS IoT的入站消息，根据定义的业务规则转换这些消息并将它们传输到另一台设备或云服务。规则可以应用至一台或多台设备中的数据，并且它可以并行执行一个或多个操作。规则引擎将提供数十个可用于转换数据的可用功能，并且可以通过AWSLambda创建无限个功能。

慧安蜂巢平台的规则引擎：规则引擎提供数据流转和场景联动功能。通过拖拽等动作配置简单规则，即可将设备数据无缝流转至其他设备，实现设备联动，也可使用自定义的规则链启用特定于用例的功能。

五、安全性对比

微软Azure IoT平台的安全性：通过集成的IoT SIEM（安全信息和事件管理）、SOAR（安全编排、自动化和响应）以及针对部署的每个部分（包括云服务和设备）的扩展检测和响应（XDR）解决方案，最大程度地减少IoT安全问题，并保护人员、进程和数据免受威胁。

亚马逊AWS IoT平台的安全性：提供适用于所有安全层的服务，包括预防性安全机制（如对设备数据的加密和访问控制），以及持续监控和审核安全配置的服务。

慧安蜂巢平台的安全性：现有信息化基础设施大部分都是国外体系，构建出的物联网系统本质上很不安全，系统能轻易地为他人所控；而慧安蜂巢平台是国产化的物联网平台，最大限度地保证了系统的安全性。

六、AI算法辅助功能对比

微软Azure IoT平台和亚马逊AWS IoT平台的AI算法：提供开发简单、功能强大、可灵活扩展、基于托管云服务的预测分析方案，免费使用的算法模型不多，目的还是让用户能使用其云平台。

慧安蜂巢平台的AI算法：AI应用是物联网的一个重大应用，产生了巨大的需求和突破，算力和算法如何复用和扩展成为难题，慧安蜂巢平台将算法进行拓展，应用在不同的场景中。

4.3.3　慧安蜂巢物联网操作系统平台的应用

一、传统智慧园区的现状

我国城镇化正在加速，而园区作为城市的基本单元，是重要的人口和产业聚集区。园区也在发展变化，在需求和技术的驱动下，从封闭走向开放，从单点智能走向整体智慧。

在传统智慧园区的项目中，存在以下几个问题。

（1）设计、建设、应用同质化，难以满足个性化需求。

（2）建筑物与建筑物之间、建筑物内各子系统间相对独立，存在“信息孤岛”，智能化水平低。

（3）采集孤立，难以实现系统联动。

（4）应用可扩展性差，扩展成本高。

（5）无法实现高效、便携的集中式管理，运营成本高。

（6）无法实时监控重要设备的运行状态，难以实现事故预警。

因此，可以运用慧安蜂巢物联网操作系统平台与慧安智能小站，结合5G、大数据、云计算、人工智能等数字技术，不断创新，提高用户体验。在运营模式方面，运用慧安蜂巢物联网操作系统平台+数字技术，改进运营的各个环节，打破传统园区全靠人工的运营模式；通过对园区的对象数字化、业务数字化和服务数字化，实现园区管理服务从定性走向定量，实现基于数据、事务和理性分析的数字化运营。提升用户体验的满意度，是园区智慧化的核心。

传统智慧园区的方案大概分为以下几个系统。

楼宇控制：园区内楼宇环境的远程监控管理，包括楼宇温湿度、空气质量等环境参数的检测以及新风系统的智能控制。

能效管理：园区内水、电、气等资源的能耗检测，能耗的统计分析，能耗报表的生成和节能控制，远程抄表系统与远程缴费系统的建设。

消防管理：园区内公共区域的消防管理，实现消防设备的关键指标和状态的监测，以及报警系统信息的及时推送与处理。

安防管理：园区内各门禁系统视频监控系统的集中管理。

园区照明：园区内公共区域照明的状态以及分区控制。

运维管理：园区平台的运营维护与管理，包括工单、巡检和维护保养等系统的管理。

其他系统集成：停车管理系统等。

二、慧安蜂巢物联网操作系统平台在园区的构建

为了打通各个系统之间的壁垒，需要使用慧安蜂巢物联网操作系统平台对各种协议进行解析能力，通过解析能够将各个系统连接到一起，如图4-5所示。为了能够打破各个系统之间的壁垒，需要知道园区管理系统中各个系统的主要功能、运作逻辑以及使用的协议。

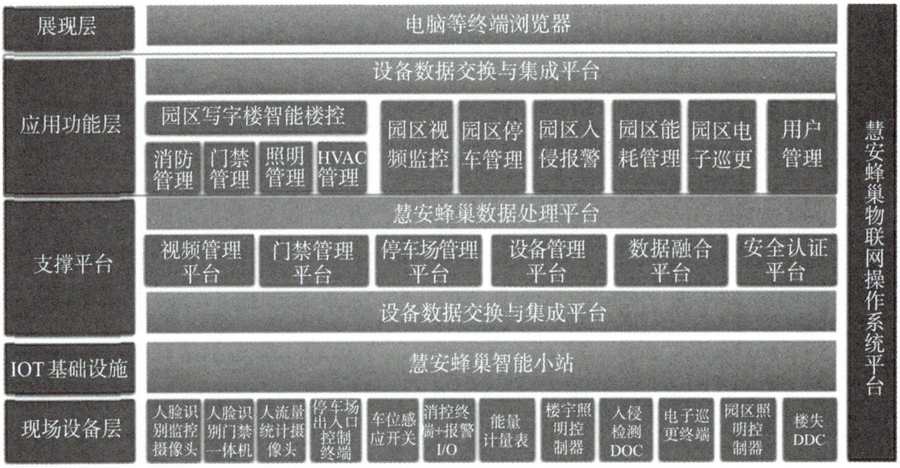

图4-5 系统构建

（一）消防监控

消防监控是对整个消防联动控制系统的监控管理，主要由火灾监控探测器、传感器和消防控制主机等设备组成。监控系统通过火灾探测传感器

监测险情，当险情出现后，启动消防广播，通过应急照明和疏散指示引导人群疏散，并且联动相关系统对火灾进行扑灭、控制和隔离，从而保障人民的生命财产安全。整个系统的心脏是消防主机，它既可以实现整个系统的集中控制，又能向探测器和传感器供电。报警主机对外的通信协议一般支持标准通信协议（如Modbus），也支持设备厂家自定义私有协议。慧安蜂巢物联网操作系统平台集成的消防监控系统既可支持标准通信协议，也可根据需要开发通信驱动来实现私有协议的设备集成。由于消防系统比较独立，因此在慧安蜂巢物联网操作系统平台上对消防系统的集成一般通过报警主机获取报警数据的方式来实现，管理平台会采集消防报警数据，然后以更合理、方便和人性化的方式通知用户，一般不会对消防系统进行控制。

（二）安防视频监控

安防视频监控一般由摄像机和云台等前端设备、调制解调设备等传输设备、视频切换器和云台镜头控制器等控制设备、监视器和录像机等显示存储设备组成。慧安蜂巢物联网操作系统平台利用视频技术探测和监视设防区域并实时存储和显示现场图像，可以实现对云台和镜头的控制。除此之外，慧安蜂巢物联网操作系统平台还支持对园区原有摄像头做整体智能化升级，在不额外购买前端设备的情况下对园区的摄像头做智能化升级，通过慧安蜂巢物联网操作系统平台丰富的功能与接口，对摄像头进行设备管理、权限管理、算法加载、流媒体穿透、数据转换等，支撑整体应用。摄像机通常使用ONVIF，PSIA，RTSP和HAPI3等协议与监控主机和第三方系统通信，而慧安蜂巢物联网操作系统平台拥有对这些协议的解析能力和丰富的运用经验。

（三）门禁管理

门禁管理在生活和工作环境的安全保障、办公考勤方面有重要作用，这套系统主要由门禁读卡器、门禁控制器和门禁管理软件三部分构成。在慧安蜂巢物联网操作系统平台上，通常会与电梯控制系统、人员和访客管理系统、视频监控系统和物业管理系统等进行联动控制，从而实现园区内所有门禁设备、人员进出权限和操作员权限的统一管理。门禁系统与慧安蜂巢物联网操作系统平台的集成一般使用OPC协议或者设备厂商提供的SDK。

（四）照明控制

照明控制不仅能对园区照明系统实现分区和分场景控制，实时监控整个园区照明回路的开闭实况，还能根据室内照度实现调光控制和串联控制。照明控制系统一般由灯具、调光模块、遮阳/百叶窗、带遥控的多功能面板、感应器、电源模块和耦合器组成，系统内部通常使用的协议有KNX（也称EIB），DALI和CBus等，并且能实时监视整个园区照明回路的开闭情况。照明控制系统对外提供OPC、输入/输出模块、USB和RS232等接口，集成商可以通过设备厂家提供的SDK将照明系统集成到慧安蜂巢物联网操作系统平台。

（五）环境控制

环境控制主要是通过传感器采集园区的环境参数，如温度、湿度、$PM_{2.5}$浓度、建筑室内光照度等，然后将这些数据集成到慧安蜂巢物联网操作系统平台。通过慧安蜂巢物联网操作系统平台，园区用户可以随时查看园区的环境情况，启动相应的设备做出响应，如监测到某房间的$PM_{2.5}$浓度高于安全值时，打开房间的排风扇；或者检测到机房的湿度高于安全值时，打开房间的除湿设备等。根据传感器是否有通信能力，可以分为有通信能力传感器和无通信能力传感器。有通信能力的传感器一般使用BACnet或者Modbus协议，通过网关可以连接到慧安蜂巢物联网操作系统平台；无通信能力的传感器需要借助I/O设备才能连接到平台。使用慧安蜂巢物联网操作系统平台，可以连接以上两种传感器，并且具有控制、数据处理和清洗功能。

（六）能耗管理

能耗管理是对园区各企业的能源消耗（如电、水、气的使用）进行监测、记录和分析。慧安蜂巢数据采集通过集成通信的能耗表来实现，如支持标准Modbus协议或DL/T645规约的电表。常见功能包括生成能耗报表，可实现按年、月、日、时刻汇总能源消耗，能耗排名，能耗比较，可按不同时段、种类、位置进行比较，帮助用户找到能源消耗异常值。同时也可与其他关联因素进行比较，如通过从环境控制系统采集的温湿度数据，分析其他关联因素对能源消耗的影响，促进节能。

本章小结

物联网平台作为物联网重要的组成部分，是集成了设备管理、数据安全通信、消息订阅等功能的综合管理平台。物联网平台向下支持管理连接采集设备，采集海量数据；向上提供应用接口，通过调用接口将指令下发至设备端，进行远程管理。

通过本章的学习，希望读者能够对物联网平台有一个系统的了解和常规的认识。

第五章

信创物联网的应用与典型案例

物联网用途广泛，遍及工业监测、环境监测、路灯照明管控、景观照明管控、楼宇照明管控、广场照明管控、老人护理、个人健康、花卉栽培、水系监测、食品溯源、敌情侦查和情报搜集等多个应用场景。如图5-1所示。

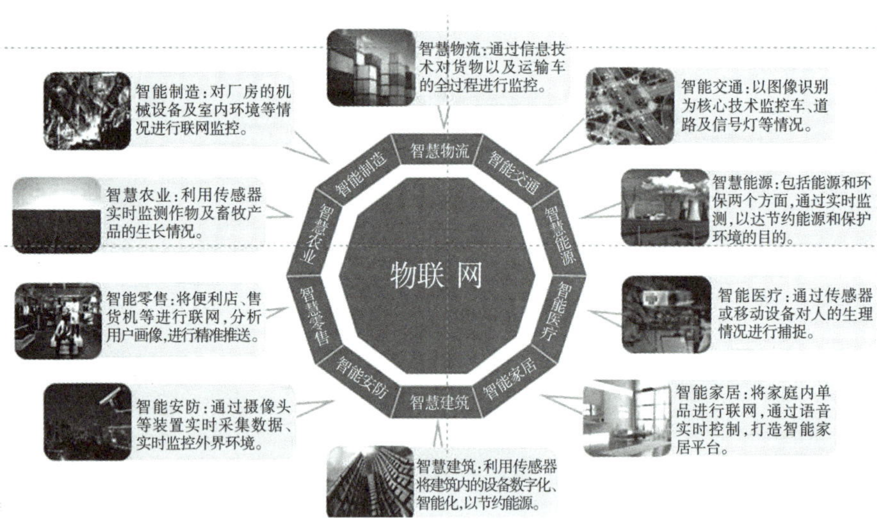

图5-1　物联网的应用场景

信创物联网的发展在安全、自主、可控的基础上，更能定制化地满足我国各行业领域的需求。本章就一些典型的信创物联网案例进行分析和介绍，但涉及核心技术方案与专利处只做简要说明。

5.1 智慧仓储

5.1.1 智慧仓储的概述

智慧仓储将“大、智、区、云、网”的信息技术交融渗透，改变仓储的工作方式和环境，实现数据共享、大数据深度分析与挖掘，移动网、物联网和云计算的应用，使软硬件更加智能化，逐步形成了集标准、智能、管理、安全为一体的智慧生态。

特别是在卸粮、转运、入仓、平仓、静态储藏监管、扦样、出仓等关键环节设备的标准化制造、机械化替代、自动化升级、智能化改进，提高出入仓作业效率，同时兼顾安全和环保要求，改善作业环境，实现智能化机器人作业，提高效率的同时节约了损耗成本。

5.1.2 智慧仓储的应用分析

智能仓储是指通过自动感知、自动控制、智能机器人、智能信息管理、移动计算、大数据等物联网技术，提高货物仓库各个环节数据输入的速度和准确性，加快货物运转速度，提高仓库管理的工作效率。

与传统仓储相比，智能仓储的作用可以概括为降本和增效两方面。在降本方面，传统仓储行业是典型的劳动密集型行业，存在重复性较强、体力劳动较多、工作环境较差、回报率较低等问题，因此用工成本较高。而在智能仓储中，智能机器可以代替约90%的人力，大大节省人工成本。另外，立体化仓库等手段，可以充分利用垂直空间扩大单位面积储存量，进一步提升仓储空间利用率，相较传统仓储可以节约87%的用地面积。在增效方面，通过自动化控制、大数据智能决策等管理技术以及仓库内自动导引车、智能穿梭车、智能仓储机器人、机械臂等装备的应用，智慧仓储可以有效提升仓储、装卸、搬运、分拣、配送等仓储环节作业效率和管理水平。通过降低仓储环节人的参与度，使用RFID、人工智能、大数据等技术促进仓储各个环节信息流的流畅运转，从而提高货物出入库效率。

智能仓储的构成要素包括以下方面。

一、机器人

智能仓储机器人的主要工作是处理货物的拣选和包装。

二、射频识别

智能仓储的射频识别（RFID）有助于组织和控制库存。RFID摆脱了旧的模拟纸张跟踪方法，转而使用数字标签跟踪包裹。然后使用无线电波将数据传输到数字标签和自动扫描系统之间，记录产品的信息。

RFID取代旧的条形码扫描仪，条形码必须与扫描仪精确对齐以识别它。相反，RFID扫描仪可以简单地指向包装的大致方向以识别它。由于扫描仪不必精确对齐，因此可以使用自动化机器扫描包裹，识别并计算每种类型的商品的数量。此外，这些扫描仪可以在订单履行期间检测到货物，确保库存数量始终准确。

三、人工智能

近年，人工智能（AI）的使用在各行各业呈现出爆炸式增长。在智能仓储领域，AI能够帮助仓储机器人找到最有效的选择产品的途径。

人工智能（AI）还可用于根据产品的类型、数量、尺寸和重量确定货件的最佳箱型，有些仓库甚至能够实现可以包装产品的机器。

这些功能正在帮助仓库运营大幅降低运营成本。人工智能（AI）减少的最大成本之一是人工成本。

四、物联网

物联网涉及多个支持互联网的设备相互通信和共享数据。在智能仓储系统中，这意味着机器人可以与所需的所有技术进行通信，包括仓储管理系统（warehouse management system，WMS）。

在智能仓储管理系统中，工作的物联网示例从接收产品的仓库开始。收到货物后，RFID扫描仪扫描标签，告知WMS收到的货物类型和货物数量。然后，WMS与机器人通信，告知机器人这些货物应该存放在仓库楼层的哪个位置。

所有这些都是自动无缝地发生的，并且不会丢失任何关键信息。如果没有物联网，人工就必须手动完成流程中的每个步骤。这样就非常容易出错，特别是有关流经这些系统的每种产品的大量信息。物联网加快了这个过程，同时大大减少了错误。

五、智能仓储管理系统

智能仓储管理系统从收集有价值的数据到帮助用户管理仓储流程，可以跟踪仓库日常运营的效率，以及可以改进特定的任何内容。

大多数智能仓储管理系统可以收集实时数据并创建可视化报告，有助于揭示流程中的任何缺陷。查看WMS报告后，可以采取适当的措施来解决任何问题并使操作重回正轨。

5.2 智慧油田

5.2.1 智慧油田的概述

智慧油田首先解决了企业的数字化转型的数据问题；其次利用各类智能感知控制的基础设施，打造企业的数据管控和应用平台。如图5-2所示。

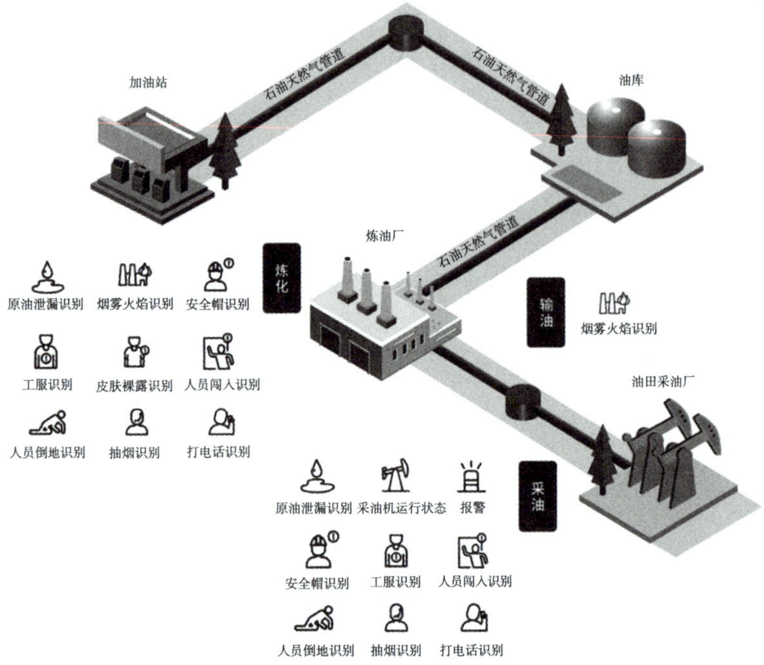

图 5-2　智慧油田

5.2.2　智慧油田的应用分析

一、勘探开发成果数据采集系统

智慧油田的勘探开发成果数据采集系统以EPDM2.0模型为数据标准，数据采集范围涵盖了地震、测井、钻井、录井、井下作业、测试、实验分析、地质综合等八个专业的成果数据，在规定的时间内按照规范的业务流程、统一的数据标准、规范的格式和质量要求采集审核入库。

二、井工程数据中心数据治理系统

井工程数据中心主要对实时采集数据、一体化日报、井筒工程数据、设计数据等模块的井号及元数据进行比对清查。如图5-3所示。

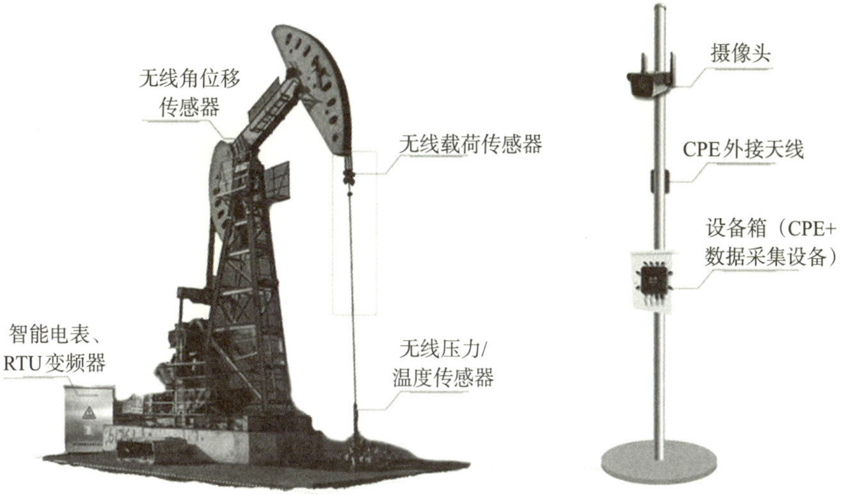

图5-3　智慧油田的井工程数据中心

三、智能油田生产总况

智慧油田生产总况是对油田日常生产作业进行监测、记录和分析。实时监控各种生产情况能够为节能降耗提供直观、科学的依据，提高企业的管理水平、降低企业的运营成本。通过监控能耗设备、分析能耗费率等工作，可以让管理者及时掌握能耗变化趋势，进行科学决策。如图5-4所示。

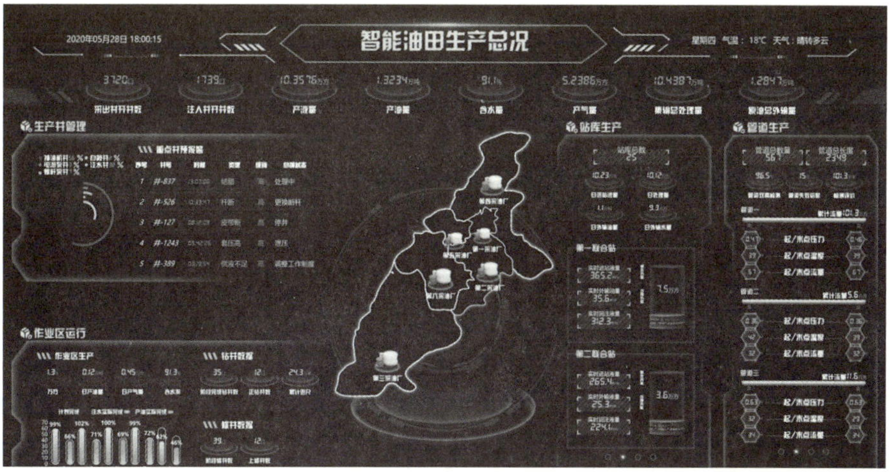

图5-4　智能油田生产总况

5.3 智慧医疗

5.3.1 智慧医疗的概述

智慧医疗是由医疗物联网、数字化医疗设备、医院信息系统组成的三位一体的现代医院运行体系。智慧医疗通过基于信息平台达到信息一体化和信息共享。

智慧医疗以患者为中心，通过将患者的基本数据、病历记录、诊疗判断、检验结果、患者财务及医疗保险等信息整合在系统中，使得患者、医生或政府卫生管理人员都能够实时获取所需信息。它所解决的问题及其发挥的主要作用体现在：提升医疗机构和医疗卫生管理部门的决策、预测能力及科研管理水平。

为了提高医疗质量，解决医护资源短缺的窘境，发展智慧医疗已是全球共同努力的方向，也带动了相关产业及应用的发展。智慧医疗的应用方向，从基本的医疗看护提升到医疗系统自动化的研发和制造，更进一步地提供改善病患生活起居的医疗计划。

智慧医疗从宏观角度涉及云计算、物联网的概念和技术的应用，而在实际的智慧医疗系统构建过程中，医疗系统基础设施的不完备，以及系统内非标准服务化问题都是智慧医疗系统构建的瓶颈。那么，智慧医疗架构需要具备能够将医疗资源有效整合、实现机构间数据共享，以及发布标准通用医疗服务的能力，只有具备这样的能力才能解决制约智慧医疗系统构建中出现的问题。因此，我们提出以集成交换为核心的智慧医疗架构，遵循医疗领域的标准和规范，指导并规范了智慧医疗系统的创建过程。

以集成交换为核心的智慧医疗整体架构需遵循医疗卫生行业相关的安全保障体系、标准规范体系和管理保障体系，并遵照相关体系来约束总体架构模型各个层次的构建及协同。

一、应用层

应用层基于医疗行业业务标准，通过将服务层中开放的标准基本业务功能进行业务化组合及封装，构建一系列医疗系统来满足不同的业务需求。其中，新医院系统、家庭健康系统、区域平台系统等系统通过服务层提供的标准业务服务进行封装和扩展，在使其标准业务服务的同时实现了医疗业务流程的优化。其中，新医院系统的建立使得医疗机构具有了智能处理医务信息的能力；家庭健康系统的建立使得区域内不同家庭享受了全面的家庭健康服务；区域平台系统将医疗系统和家庭系统进行了有效的互联，使得彼此间实现高效的数据共享，满足对区域内卫生信息状态的监测、预报和管理，真正达到医疗事务处理智慧化的目的。

二、服务层

服务层基于集成交互层所提供的系统集成能力，将基础资源与基础设施中的系统进行有效的标准化整合，使其成为具有独立功能的服务，这些服务具有开放的接口和标准数据格式，它们为应用层的应用系统构建提供基本的业务服务支撑。

服务层为用户提供多种数据接入方式，支持无线移动设备接入、远程数据共享、门户应用等，通过开放的接口为终端医疗用户提供可定制的医疗服务。

三、集成交换层

集成交换层通过构建医疗信息集成与交换平台，来实现对医疗基础设施和基础资源的数据集成和交换，其核心意义在于对底层资源中医疗信息系统的集成，实现不同医疗信息系统的标准化改造，使得系统对外暴露标准的数据接口，以便于服务层通过标准的服务调用方式对其进行调用。同时，也实现了对基础数据资源的数据抽取，对分散于多个基础资源中具有同一业务。

（1）特性的数据进行统一抽取并转换为对业务有意义的数据，用于业务处理时加以利用。

（2）基础设施包含了医疗卫生系统中各种遗留应用和系统，具有很强的业务特点，但彼此间缺乏统一有效的交互手段，这些遗留应用和系统为智慧医疗整体结构提供基本业务和数据支持。

（3）基础资源包含了医疗卫生信息，这些数据库和基础设施中包含的遗留应用彼此间数据无法实现共享，同时也具备很强的业务特性，这些数据库为智慧医疗整体结构提供数据支持。

5.3.2 智慧医疗的应用分析

为了使各医疗卫生业务数据能够与区域卫生信息平台实现联动，需要在医疗卫生机构部署医疗信息集成交换平台，实现医疗数据的共享和信息的互联互通。通过使用来构建医疗信息集成交换平台，可将基础数据封装成具有统一特性、标准接口的服务；通过将服务按照医疗业务进行组合后为终端用户提供标准、稳定的医疗服务，不仅实现了医院系统对医疗集成服务的全面支持，同时也满足了家庭医疗健康系统对医疗数据的共享。

使用构建的智慧医疗体系，可实现如下工作目标。

（1）通过采用区域医疗机构系统整合、机构内数据集成的方式，实现区域内医疗机构间的互联互通和数据交换。

（2）通过业务流程集成、流程管理和流程监控的方式，实现区域内各应用间信息的互联互通与共享，促进医疗机构间的业务协作。

（3）通过对医疗系统中数据的统计分析和趋势分析，辅助区域医疗中心对疾病防控等的决策支持。

（4）通过开放标准的数据接口来向公众快速提供便民服务，为公众提供公共医疗服务和公共查询服务。

（5）通过利用天然的集成特性，使得医疗业务的构建更加灵活和智能，保证了智慧医疗体系的可持续发展。

因此，可以运用慧安蜂巢物联网操作系统平台与慧安智能小站，结合5G、大数据、云计算、人工智能等数字技术，不断创新，提高用户体验。在运营模式方面，运用慧安蜂巢物联网操作系统平台+数字技术，改进运营的各个环节，打破传统全靠人工的运营模式；通过对医疗的对象数字化、业务数字化和服务数字化，实现管理服务从定性走向定量，实现基于数据、事务和理性分析的数字化运营。

为了打通各个系统之间的壁垒，需要使用慧安蜂巢物联网操作系统平台对各种协议进行解析，通过解析能够将各个系统连接到一起。为了能够打破各个系统之间的壁垒，需要知道管理系统中各个系统的主要功能、运作逻辑以及使用的协议。

其中，门禁系统管理主要实现重要场所出入口的安全管理，为医院提供门禁服务，对门禁资源、卡片、人员、权限、报警等进行一体化管理。通过卡片权限介质进行门禁权 限配置，构建特殊卡应用、多重认证、首卡常开、反潜回、多门互锁、门常开常闭等多种高级业务应用场景，并通过门禁事件反馈分析实现门禁综合管理服务能力，满足用户针对出入口门禁的安全管控需求，提供系统化的门禁管理信息化方案。

根据门禁控制器拓扑结构分类，目前主要有两种架构：二级架构和三级架构。不 同的架构对应的设备、设备拓扑结构的相对位置都有不同。从组成上看，门禁系统主要由前端设备、传输网络与管理中心设备组成。

前端设备主要负责采集与判断人员身份信息与通道进出权限。门禁设备包括门禁控制主机（或门禁主控制器与门禁就地控制器）、门禁一体机、读卡器、开门按钮等。其中，门禁控制主机和读卡器也可以由门禁一体机替换。

传输网络主要负责数据传输，包括门禁设备与门禁控制主机、门禁就地控制器、门禁一体机之间，门禁就地控制器与门禁主控制器之间，以及门禁控制主机、门禁主控制器、门禁一体机与管理中心之间的数据通信。

管理中心负责系统配置与信息管理，实时显示系统状态等，主要由综合安防管理平台和中心发卡授权设备组成。采用刷卡认证方式时，在中心需要配置相应的发卡设备。

二层架构使用的门禁主机型号为 DS-K2600，该系列门禁主机是海康新一代的多功能门禁控制主机，采用 TCP/IP 网络和 RS485 双通信接口设计，不仅具备专业的门禁 管理功能，还支持防区警情接入，丰富的输入、输出接口和联动设置功能使主机对外具有很强的扩展性和兼容性。主机具有先进的 TVS 防护、防拆、看门狗及通信加密设计，强化设备的安全性，为整个系统的稳定运行提供可靠的保障；支持多门互锁功能、反潜回功能、多重卡开门功能、首卡开门功能、超级卡和超级密码开门、在线升级功能、中心远程开门功能。

用户在读卡器处进行刷卡、输密码等操作，与门禁控制主机中存储的合法卡信息比对，通过后予以放行。根据不同的应用场景和安保等级要求，可选择各类读卡器，包括 CPU 读卡器、 Mifare 读卡器、 ID 卡读卡器、人脸识别终端、指纹读卡器、双频读卡器（ID 卡+Mifare 卡）、身份证读卡器等。

随着生物识别技术的快速发展，特别是对于出入口和其他重要安保场所，利用生物识别类读卡器对人员身份真实性进行核实，已经成为众多用户的首选。

门禁点设计主要考虑受控区域的进出权限控制，结合受控区域的环境特点与实际应用需求，通过对进出通道设置门禁设备，限定不同人员的出入权限，并对人员进出信息进行记录等。在针对不同受控区域进行门禁点配置时，应遵循以下原则。

（1）按需确定受控区域：门禁点设计应首先确定受控区域与控制需求，如楼内区域往往需要限制其他楼或外来人员的进入，需要在主要出入口设置门禁点；物业管理机房一般只允许机房工作人员进出，需要在机房门设置门禁点等。

（2）全面的点位设置：对于需要进行通行权限控制的区域，应全面考虑该区域的进出通道，对所有可能进入该受控区域的出入口设置门禁点。

（3）配合门禁控制逻辑：门禁点配置需要与系统控制逻辑相对应，如单向控制只需在进门或出门处设置门禁点，双向门禁控制则需要在进出两边均设置门禁点。在门禁点设计的过程中，应同时考虑门禁与其他系统的联动，确定各门禁点的联动属性，如某一门禁点与消防信号联动的分区对应关系等。

（4）便携的识别方式：门禁点通过门禁读卡器或生物识别仪对进出人员的身份进行识别，门禁点设置时应根据区域特点与受控区域的安全级别，同时考虑便携性需求，选择不同的识别方式，如刷卡、人脸、密码、指纹或多种认证方式相结合等。

（5）合理经济的门禁点汇聚方式：门禁点需要与管理中心进行数据通信，因此各门禁点与管理中心之间需要建设通信线路。基于节省线材与施工的考虑，门禁点较多的情况下需要将多个点位进行汇聚。在门禁点位设计过程中，应考虑门禁控制器的上下行通信方式以及单台控制器接入门 禁点数量等，选择较为合理、经济的汇聚方式。

门禁管理点设置建议如下。

（1）受控区域选择：系统主要对受控区域内关键出入口、控制室、地下停车库、人行出入口等关键区域进行人员进出权限控制及监视。避免无关人员进入，扰乱区域内的正常工作秩序或居民的日常生活，确保受控区域人身与财产安全等。系统可根据对通道的管理程度不 同，分别对不同受控区域选择不同的权限分配与认证方式。

（2）识别方式选择：系统通过读卡器或生物识别仪辨识人员身份，只有经过授权的人才能通过受控门进入相关区域。读卡器或生物识别仪能读出卡上的信息并传送到门禁控制器，如果允许出入，门禁控制器中的继电器将操作电子锁开门。

门禁点的识别方式主要取决于管理者对受控区域的安全等级要求，同时考虑识别过程的便捷性。识别方式的不同主要体现在读卡器或生物识别仪的选择上。

（3）汇聚方式选择：根据综合安防区域的环境特点与受控区域分析，考虑前端多个门禁点进行汇聚的合理性与便捷性，推荐采用双门禁控制器对前端各门禁点进行汇聚传输。控制器上行采用 RS-485 总线传输，或适当选用 TCP/IP 网络通信转换器进行协议转换，与管理 中心进行网络通信。

传输网络是系统能够稳定运行的关键环节之一，设计原则如下。

（1）二层架构。

①门禁控制器下行 RS-485 总线或 Wiegand （韦根）通信方式，接入射频读卡器、指纹读卡器、人脸门禁一体机等。

②门禁控制器下行通过多芯信号线接入：门状态信息、开门按钮信号、报警输入信号等。

③门禁控制器下行通过多芯信号线接入：输出门锁开关控制信号与报警联动信号等。

④多个控制器通过 RS-485 总线连接，至管理中心通过 RS232 通信转换器接入管理计算机，或通过 TCP/IP 通信转换器接入管理中心以太网，门禁控制主机可以通过 EHOME 协议接入管理中心。

⑤锁使用 RF 技术（国内 433MHz）通过无线接入网络盒子，网络盒子使用 TCP/IP 协议通过 Wi-Fi 或有线接入管理中心以太网。

⑥管理机房主控服务器通过标准网络线接入机房以太网。

⑦工作站通过 USB 接口接入发卡器、指纹录入仪，通过标准网线接入人脸一体机。

（2） 三层架构。

①门禁主控制器通过 TCP/IP 有线网络或 RS485（RS485 默认不启用，可定制开通）接入管理中心，门禁主控制器可以通过 EHOME 协议接入管理中心。

②门禁就地控制器通过 TCP/IP 有线网络或 RS485 接入门禁主控制器，两种通信方式互为冗余备份。

③门禁就地控制器下行具有 RS485 和 Wiegand （韦根）通信接口与读卡器通信。RS485 接口具有双总线设计，当一条总线断掉时，就地控制器可通过另一总线恢复与读卡器通信。

④门禁就地控制器下行通过多芯信号线接入：门锁、开门按钮、报警

装置等。

（3）一体机架构。

①门禁一体机通过 TCP/IP 或 Wi-Fi（可定制 4G/3G/GPRS）接入管理中心。

②门禁一体机通过 RS485 或 Wiegand （韦根）通信方式外接副读卡器。

③门禁一体机下行通过多芯信号线接入：输出门锁开关控制信号与报警联动信号等。

管理中心主要由发卡设备、门禁管理软件、工作站等组成，可对卡片以及门禁系统整体运行状态进行有效的监控管理，降低系统管理难度、降低维护成本、降低人员依赖性。

门禁管理软件除了具备对卡片数据的记录配置之外，也能实现参数设置、设备监控、报警处理、故障定位、电子地图等系统应用和管理功能，可以极大提升整个门禁 管理系统使用的便捷性和有效性。

设置门禁系统的主要目的是要对人员通行权限进行管制，通过读卡器或生物识别仪辨识，只有经过授权的人才能进入受控的区域门组，读卡器能读出卡上的数据或生物识别仪读取信息并传送到门禁控制器。如果允许出入，门禁控制器中的继电器将操作电子锁开门。

系统可以采用多种门禁方式（单向门禁、双向门禁、刷卡+门锁双重、生物识别+ 门锁双重），对使用者进行多级控制，并具有联网实时监控功能。

系统具备在线、离线和灾害三种模式，分别对应于正常工作、通信网络故障和灾害三种状况。

（1）在线模式：系统工作于在线模式为正常情况。此模式下，系统管理工作站将门禁控制参数和授权信息下发给门禁控制主机（或门禁主控制器和门禁就地控制器，或门禁一体机）。门禁控制主机根据工作站要求控制门锁开启或关闭。同时，相关操作信息将全部实时上传至管理工作站。

（2）离线模式：当通信网络中断时，系统转为离线工作模式。即脱机情况下，门禁控制主机或门禁一体机可根据本地存储的门禁参数及权限信息独立工作，并存储脱机时的信息记录。一旦通信恢复，将立即将中断时记录的信息上传至工作站。

三层架构下，当门禁主控制器与管理工作站之间的网络中断时，门禁主控制器和就地控制器可根据存储的门禁参数及权限信息独立工作；当门禁就地控制器与门禁主控制器之间的网络中断时，门禁就地控制器可根据存储的门禁参数及权限信息独立工 作。

(3) 灾害模式：在火警等紧急情况下，工作站根据消防信号或管理员命令自动进入灾害模式。此 模式下，工作站向指定区域或所有门禁设备（门禁控制主机、门禁主控制器、门禁就地控制器、门禁一体机）发出开门指令，便于消防疏散和紧急救援；也可通过紧急联动按钮，对指定区域或所有门禁进行断电释放。

门禁主控制器具有消防联动功能，具备防剪防短的消防输入端子，检测到消防输入信号（短路/断路）时可根据预先设置的消防预案，同时自动广播告知各下挂就地控制器打开门锁。

尽管智慧医疗的实现是大势所趋，但其现阶段的发展仍面临诸多挑战。例如，对所属医院的庞大信息进行管理、整合异构系统协同运作、整合分散在各地的软硬件资源、降低软硬件成本、专业技术培训、大量数据的质量与安全如何管控等难题都亟待解决。

5.4 智慧教育

5.4.1 智慧教育的概述

智慧教育主要包括以下几个方面。

(1) 促进对学生行为的全面感知。基于理念，可将智慧教育中感知学生上学、学生上课、学生放学等过程的各类设备作为服务，便于实时地获取学生的动态信息。

（2）教育信息深度整合。智慧教育将学生上学全生命周期的信息、教育部门政策发布信息、家长师生互动信息进行深度整合，可提供各类教育信息的标准化和服务化，促进教育信息在不同系统和部门的共享和使用，并支持教育应用和服务的开发，从而提供合理有效的教育管理方法，有效提升教育管理水平。

（3）多种渠道管理服务。智慧教育将基于符合理念的云平台为家长和师生等提供多种访问渠道，实现对学生的全方位、立体式的管理与服务。

智慧教育模型框架，如图5-5所示。

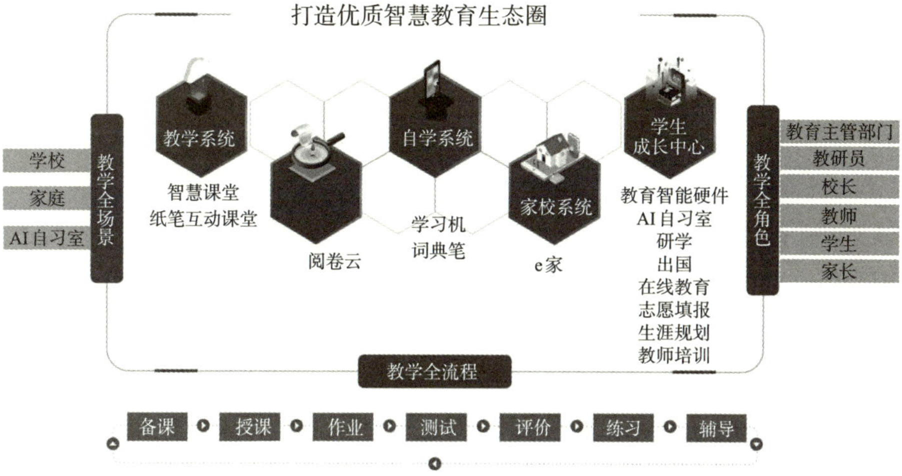

图5-5　智慧教育模型框架

5.4.2　智慧教育的应用分析

一、智慧教育的数据中心模块

智慧教育的数据中心模块旨在提供对校园内各项关键信息和活动的综合视图，如图5-6所示。这个模块的目标是提高校园信息的可访问性和透明度，帮助学生、教师和管理人员更好地融入校园生活和管理，提高整个校园的运行效率。

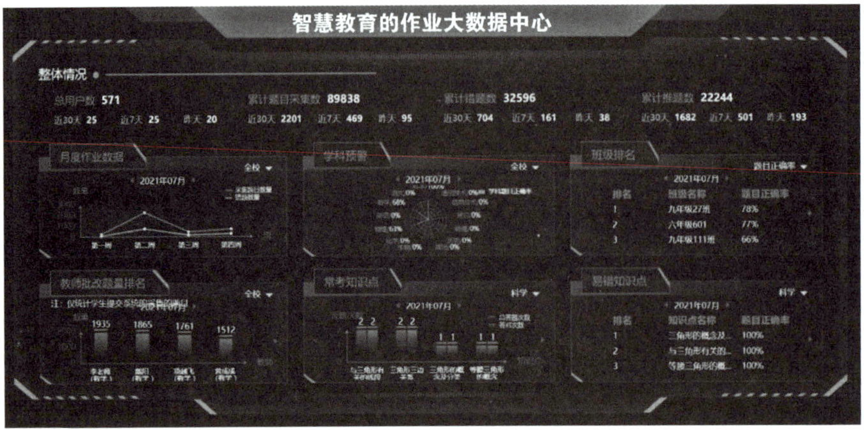

图5-6　智慧教育的作业大数据中心

二、智慧教育的智能监测模块

智慧教育的智能监测模块是一个关键的组成部分，旨在实时监测和评估教育过程中的各种关键数据和指标，以提供更高效的教学和管理。这个模块旨在提高教育过程的透明度和效率，支持教师和学校管理人员更好地了解学生需求，优化教育资源的利用，并提供更个性化的教学体验。这有助于提高教育质量和学生的学术成就。

三、智慧教育的设备运维模块

智慧教育的设备运维模块是教育机构和学校管理中不可或缺的一部分，旨在确保教育设备的正常运行和维护。这个模块的目标是确保学校的技术设备始终处于良好状态，以支持教学和学习的顺利进行。智慧教育的设备运维模块有助于减少设备故障和停机时间，提高了教育机构的效率和可靠性。

四、智慧教育的安防管理模块

智慧教育的安防管理模块是为学校和教育机构设计的，旨在提高校园的安全和管理效率。这个模块的目标是确保校园的安全和安宁，提供及时响应和预防安全威胁的工具。智慧教育的安防管理模块不仅有助于学校应对突发事件，还提高了学校的整体管理效率。

智慧教育运用了3D室外、折线图、数据表格等组件展示了校园实时数据情况，对系统监测和设备运行进行分析，并且对安防监控和设备消耗进行了分析。智慧教育系统运用了指标卡、选项卡、高亮柱状图、环形图、分组双轴图、堆叠面积图、表格等组件展示了校区智慧管理系统的实时情况，从设备、人员方面展示了校区人员构成成分、校区的水电用量、各设备情况及各区域的环境情况。

5.5　智慧物流

5.5.1　智慧物流的概述

智慧物流平台使物流交易的信息更加透明、高效，从而使物流成本得以下降，享受各地的优质产品将不再是普通居民的梦想；智慧物流平台的实施，物流企业的信息化将得到全面的提升，企业的运营与管理将更加智慧化，相应的效益也会随之得到大幅度的增加；智慧物流平台的智慧化服务，为服务型政府的打造增添了一抹亮丽的色彩，为快捷、优质的公共服务提供了高效的技术通道。智慧物流模型框架，如图5-7所示。

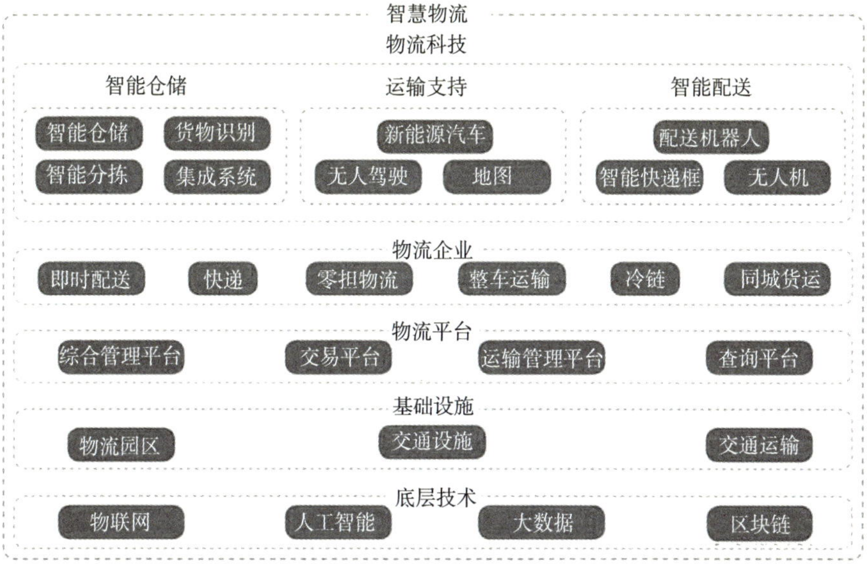

图5-7　智慧物流模型框架

5.5.2 智慧物流的应用分析

智慧物流服务平台是一种基于互联网技术、运用先进的物流设备和管理技术，实现物流过程全程信息化的平台。智慧物流服务平台将仓储、运输、配送、信息化等一系列物流活动整合在一起，为企业提供全方位、高效的物流服务。如图5-8所示。

图5-8　智慧物流服务平台示意图

智慧物流服务平台由三个基本技术构成。

（1）物联网技术：通过各种感知设备采集数据，实时监控物流过程，优化运输路径和方案。

（2）云计算技术：通过云计算技术，对物流信息进行处理和分析，提供数据支持，帮助企业做出更好的物流决策。

（3）大数据技术：通过大数据技术，将海量数据进行分析，为企业提供全面、准确的物流信息。

随着互联网技术的不断进步，智慧物流服务平台的市场前景非常广阔。目前，国内外许多物流企业已经开始尝试开发智慧物流服务平台，这将为企业提供更高效、更专业的物流服务，有效推进物流行业的数字化和智能化进程。一种基于新一代信息技术的智能化管理平台，通过全方位的物流数据采集、分析和优化，实现物流全过程的自动化、数字化和智能化，提升物流管理的效率和质量。

智慧物流是指利用现代信息技术手段，对物流过程进行全面、系统、高效的管理和控制，以达到节约资源、提高效率、增强服务、降低成本的目的。随着物流业的不断发展和智能化系统的不断推广，智慧物流智能化系统的未来发展前景非常广阔。未来智慧物流智能化系统将更加智能化、数字化和自动化，实现更高效的物流管理，更优质的客户服务，更低成本的物流运作。

5.6 智慧环保

5.6.1 智慧环保的概述

智慧环保是“数字环保”概念的延伸和拓展。智慧环保是借助物联网技术，把感应器和装备嵌入各种环境监控对象（物体），通过超级计算机和云计算将环保领域物联网整合起来，可以实现人类社会与环境业务系统的整合，以更加精细和动态的方式实现环境管理和决策。

智慧环保平台由数据采集硬件和数据中心软件系统两部分组成。数据采集硬件负责采集现场的各种环境数据并将数据传输到数据中心，数据中心安装智慧环保软件系统，智慧环保软件系统负责对数据进行存储、分析、汇总、展现和报警。智慧环保平台可以采集的环境数据包括空气温湿度、土壤温湿度、CO_2浓度、光照强度、水中温度、水中的氨氮、溶解氧浓度和pH值等。数据传输方式采用无线方式，各个采集器之间以及采集器和路由之间采用无线ZigBee技术可以自由组网，路由和数据中心服务器之间采用GPRS或者3G通信技术进行通信。当环境数据超出系统设置的阈值时，系统会产生报警，通过声光报警器、手机短信和弹出窗口等形式通知相关人员，同时启动或者关闭相关设备调节现场环境指标 。

智慧环保模型的总体架构包括：感知层、网络层、支撑平台层和应用层。如图5-9所示。

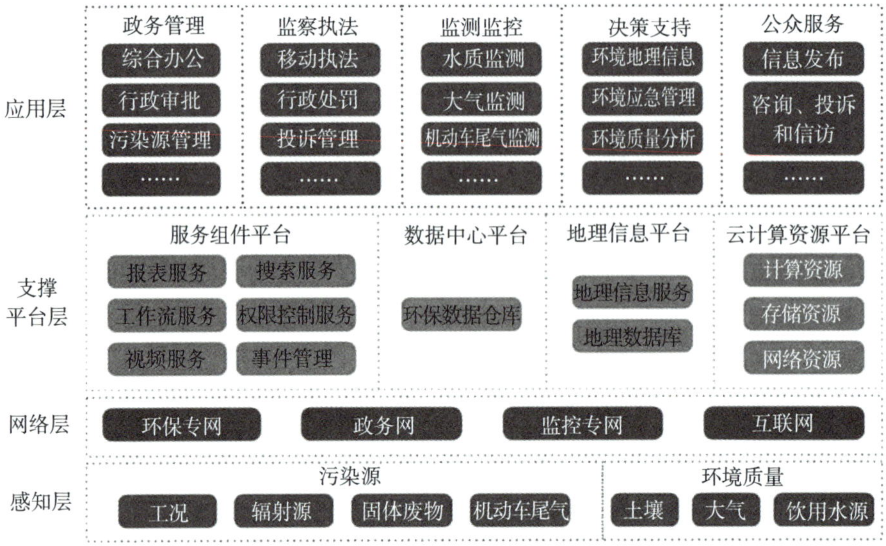

图 5-9　智慧环保模型框架

感知层：利用可以随时随地感知、测量、捕获和传递信息的设备、系统或流程，实现对污染源、环境质量等环境因素“更透彻地感知”。

网络层：利用环保专网、政务网、监控专网、互联网等，结合 3G、卫星通信等技术，将个人电子设备、组织和政府信息系统中存储的环境信息进行交互和共享，实现“更全面地互联互通”。

支撑平台层：以云计算、虚拟化和高性能计算等技术手段，整合和分析海量的跨地域、跨行业的环境信息，实现海量存储、实时处理、深度挖掘和模型分析，实现“更深入的智能化”。

应用层：利用云服务模式，建立面向对象的业务应用系统和信息服务门户，为环境质量、污染防治、生态保护、辐射管理等业务提供“更智慧的决策”。

5.6.2　智慧环保的应用分析

智慧环保平台包括在线监测系统、突发环境事件应急、环境综合业务处理、污染源普查等系统。

一、在线监测系统

在线监测系统的目的：及时发现环境问题，如超排、偷排，对污染源进行有效控制管理；及时发现污染问题，对环境质量进行有效监督；对放射源进行监控管理，可及时寻回丢失放射源；获取及时有效的监测数据，使环境管理工作处于主动地位；更好地实现环境管理信息共享，提高环境管理效率，避免资源浪费。

二、突发环境事件应急

突发环境事件直接关系到人民生命安全和国家财产，使生态环境遭受严重破坏。如何能在环境事件发生前对危险化学品、重点污染源进行实时监控，在环境事件发生时能在第一时间接到报警，并能及时采取有效的应急措施是环境应急最关心的问题，也是环保信息化工作的一大难点。环境事件发生后可根据系统仿真模拟了解整个事件发生过程及可能的影响；根据提供的科学分析模拟结果、优化的响应方案等决策支持，提高应对决策科学性、事件处置及时性，使整个事件损失最小化。

三、环境综合业务处理

环境综合业务处理能实现环保业务信息资源共享。对不同业务信息化系统进行整合，集行政办公、资源管理、业务流程信息化于一体，实现环境质量监测信息管理、建设项目审批、排污申报与收费、生态环境管理等各种环保业务的信息化及资源共享。

四、污染源普查

污染源普查的目的：对普查信息的便捷、高效管理，为环境管理提供翔实、可靠的基础信息，并方便相应权限的业务部门取用信息；良好的成果展示方式可提供普查信息的快速检索、查询，准确了解污染源信息，明确管理方向；充分应用普查结果，使相关环境管理有理有据，提高环境管理的科学性，使报表和业务分析更加有效准确；实现污染源管理相关信息的共享，加强部门间联系，提高管理效率。

五、污染源减排

污染源减排的需求：及时了解污染控制对象的排放情况，有效控制偷排、超排现象；综合高效的管理，可为国家总量控制计划的完成提供一定保证；满足污染源减排管理需求，在各个流程可实现方便、快捷、高效的管理，提高减排效果；丰富的信息集成及高效快捷的数据分析工具可明确重点管理对象，实施重点监控，提高管理效率；支持一定权限的信息共享，实现相关管理部门、公众、污染控制对象对相应权限的信息的了解和应用，加强部门间联系，增强对控制对象的监管力度，增强控制对象的自主减排意识。以污染源减排的需求为导向，对污染源管理的相关信息进行集成，分别从总量控制计划管理、污染源排放管理、污染源管理、总量核定管理、减排任务分配等角度建立系统模块实现污染源减排业务的信息化管理。

智慧环保是利用信息技术、物联网、大数据分析等技术手段对环境监测、环境治理、环境保护等方面进行优化和升级的过程。它以实现智慧城市为目标，通过搭建一套系统化、标准化的环境监测体系，实现环境质量实时监测、预警、预报，提供有针对性的环境保护措施，并借助数据分析、人工智能等技术，对环保工作进行精细化管理和科学决策。智慧环保涉及多个方面，如空气、水、土壤等环境的监测、污染物的排放控制、环境数据的收集和分析等，通过科技手段来推动环境保护和治理的现代化。

5.7 智慧社区

5.7.1 智慧社区的概述

方便的服务是市民关注的核心。社区市民中心贴近居民，是家政服务等便民服务聚集地，在服务的可及性和多样性方面有优势，要尽可能地将政府的公共服务下沉，为市民提供服务。智慧社区服务具有以下特点。

（1）共享：将居民健康档案管理、低保管理、优抚管理、残疾人管理、计划生育管理、再就业管理等各类专项数据完整地统一起来。

（2）主动：主动式、个性化的服务是社区服务的主要方式，如儿童免疫、慢病管理、为老服务等。

（3）便捷：不出社区可以进行公共事业缴费等服务。

（4）安全：综合警务、视频监控、视频信访、应急救助、民主自治构成了社区安全体系，实现和谐社区。

智慧社区服务平台建设是为了服务社区民众，建设重心是社区，建设面大、点多、操作人员水平普遍较低。平台的建设不仅需要大量的资金还需要强大的技术支持。在硬件方面，本着经济、实用的原则，统筹安排，充分利用公共资源，从源头上避免重复建设、重复投入。与传统的社区服务相比较，目前倡导的智慧社区有以下特点。

（1）采用云计算架构：采用云计算技术架构不需要每个区、街道、社区单独建设自己的服务平台，既避免了重复建设，也降低了成本，还解决了社区没有专业人员运行维护的问题。

（2）便民服务多元化、智能化：三网融合的广泛利用和推广，为社区的服务多元化、多样化提供了技术支撑；以数字电子、移动终端为代表的社区智能终端，大大地丰富了便民服务的形式，提高了社区服务的智能化程度。

智慧社区通常具备以下四个模块。

（1）基础通信：FTTH、EPON接入、无线覆盖建设、TD固化。

（2）安防平台：安防监控、工地监控、周界防范系统、电子巡更系统。

（3）智能化建设：数字可视对讲、RFID停车管理系统、紧急广播及背景音乐系统、手机一卡通、多媒体信息终端。

（4）综合信息服务：楼盘宣传门户、设施集中管理、企业服务。

5.7.2 智慧社区的应用分析

一、数据共享

智慧社区涉及政务、社保、教育、交通、公安等多个行业的数据资源，在数据资源层与服务交换体系这个层面上，可以利用的相关技术，将各个领域的人口库、法人库、地理信息库及其他专题数据库做一些应用打通，防止它们割裂，形成互联互通，实现数据共享。

二、应用整合

在应用服务层面，面向居民应用、面向城市的管理和运营，可以综合应用到云计算技术，解决应用间的松耦合、服务的问题。SaaS 应用层面与智慧社区的结合是最紧密的，这个层面发挥的是基础支撑的作用，可以提供服务封装的标准。

智慧社区涉及政务、社保、教育、交通、公安等多个行业，在这些应用系统的整合过程中存在渠道的不畅，服务的不规范、不统一等问题。这个问题在实施的建设过程中可以利用技术和标准，对政府的业务系统，如社保、民政、公安、社区等系统进行服务功能的封装，做完封装，作为提供商保证服务的良好性，且提供丰富的业务使用资源，并在这个技术平台的支撑之下，能够实现政府部门松耦合的随需使用的功能，有效形成协同的服务、综合的服务，为整个场景提供技术支撑。

三、社区门禁管理

社区门禁管理在生活和工作环境的安全保障、办公考勤方面有重要作用，这套系统主要由门禁读卡器、门禁控制器和门禁管理软件三部分构成。在慧安蜂巢物联网操作系统平台上，通常会与电梯控制系统、人员和访客管理系统、视频监控系统和物业管理系统等进行联动控制，从而实现对所有门禁设备、人员进出权限和操作员权限的统一管理。门禁系统与慧安蜂巢物联网操作系统平台的集成一般使用OPC协议或者设备厂商提供的SDK。

智慧社区可视化数字平台，如图5-10所示。

图5-10 智慧社区可视化数字平台

根据智慧社区的未来发展趋势，可以畅想智慧社区在现实生活中的场景：当在家中发生意外或遇到困难时，老人只需按下“亲情通”上的按钮，就能及时获得帮助；当老人外出不慎走失时，家人通过“亲情通”的位置定位功能，就能准确找到……

5.8 智慧园区

5.8.1 智慧园区的概述

智慧园区是以一种高效集约的方法，通过物联网等技术建立统一的业务管理和运营平台来提高园区管理效率、提升园区产业服务水平，实现园区经济可持续发展和产业价值链提升的目标。

智慧园区主要通过建设一个企业服务云，为园区内的企业提供电子商务、物流服务、金融服务、管理服务（ERP、HR、CRM）等云服务。发展园区经济是迅速发展壮大产业经济、推进产业结构升级、加快当地经济发展的重要举措，为吸引企业入驻，除了提供园区的财税、土地等优惠政策外，还需要在营商环境方面下功夫，使企业能够“拎包入住”。智慧园区可以为入驻企业提供以下几方面的服务。

（1）虚拟园区：无边界的园区、不下班的服务、多渠道的访问、按需使用的云服务，如网上办公系统、网络会议系统、网上财务系统、人力资源管理系统、客户关系管理系统、网络传真等系统以服务的方式向企业提供，无须企业自己建设。

（2）主题园区：聚集同行业的企业，组成高效的产业链集群，产业链协同运作，产供销无缝对接，产学研用联动，技术转移方便快捷。

（3）政务服务：跨部门的政府联动运作，以企业为中心、以服务为导向的一站式服务。

（4）企业服务：网络化的信息服务、电子化的贸易服务、精细化的管理服务，促进企业发展。

结合产业园区的需求，参考国内外先进经验，智慧园区模型框架，如图5-11所示。

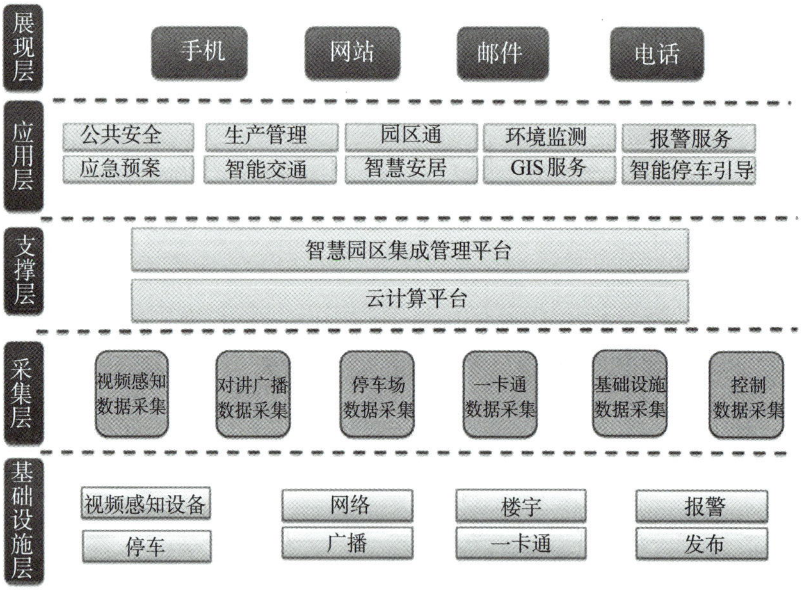

图5-11　智慧园区模型框架

智慧园区系统的层次划分为基础设施层、采集层、支撑层、应用层、展现层。

支撑层：合理利用资源和关键技术，完成对底层物理资源与系统资源的集中化管理与调度，支撑园区应用层和展现层的需求。

应用层：负责对应用服务的统一管理。

展现层：位于逻辑架构最上层，包括手机、网站、邮件和电话等。另外，在后续的运营过程中会针对用户需求和经营策略不断接入大量的应用服务，打造园区的应用服务超市。

展现层的应用服务在正式上架之前需要部署到应用层进行测试，应用层提供了应用程序的自动资源分配、快速部署和运行调试功能，方便服务提供商对接入的软件进行部署和测试。另外，应用服务也可以运行在ISV自己的运行环境之上，通过平台提供的接口实现服务的接入。服务的接入与运营需要基于平台的统一接口，服务支撑层面向应用程序提供了基于Web-Service的统一认证和计费接口。接入SaaS服务时，ISV需要对应用程序进行简单的改造，即可接入SaaS平台，实现软件的运营。

5.8.2 智慧园区的应用分析

未来通过对智慧园区的建设，为希望入驻园区的企业提供“拎包入住”式服务。完善的IT基础设施，丰富的应用系统，企业不必自己购买服务器、存储设备、建网络及应用系统，只需要登录到园区云计算服务平台，按需使用园区提供的人力资源系统、客户关系管理系统等云服务，使企业能够“拎包入住”。在信息、贸易、管理等方面提供方便、快捷、低成本的服务，以降低初创企业的创业成本、帮助企业健康成长。

实现服务的社会化。开放的企业服务云，为软件开发商、服务提供商提供一个开放的开发、测试环境及运营服务的平台，吸引社会的力量以市场化的方式参与服务的供给，使服务呈现社会化的趋势。

园区内企业通过智慧园区服务平台可以更好地经营管理企业。如获取行业信息，为企业经营决策提供依据；平台为企业提供定制的信息化管理服务，为企业内部的人员、物资、财务、销售环节的管理提供信息化手段；平台为企业提供贸易服务，利用平台优势，集合多种职能企业，并集合海关、商务、工商、税务等多个政府职能部门信息化工具及多种物流平台，智慧园区服务平台成员企业通过平台可以一站式完成报关、报检、收汇核销、退税等贸易全过程。

5.9 智慧制造

5.9.1 智慧制造的概述

我国制造业面临巨大的挑战与机遇。为了实现制造企业由“产品”为主导向以“产品”和“服务”为主导的敏捷化、服务化、绿色化、智能化的制造业新经济增长方式转变，促进产业的转型升级，制造业信息化需要进一步通过引入新兴信息技术、现代信息化技术等使我国制造业实现跨越式发展，进而为提高制造企业的市场竞争能力和引领行业的发展起到示范作用。

首先，完成制造资源和能力的智能共享和协同应用。基于虚拟化、服务化和物联化等新一代信息技术，综合集成广域网环境下复杂产品制造中快速设计、产品分析、工艺仿真、精密加工、产品检测、生产管理，以及面向柔性材料设计与制造等环节的制造资源和制造能力。

其次，建立“智慧工厂”实现数字化向智慧化转变。实现制造生产中诸要素的信息提取由数字化向智慧化的转变，实现感知与提取的泛在，数据深度提取，数据信息的及时反馈，在产品制造的全生命周期中使用系统仿真技术，模拟验证产品各方面特性，实现制造生产的升级转型。

最后，打造具有竞争力的产业集群。围绕制造业需求链，利用智慧制造中资源和信息共享、高效协作优势，建立多个开放的智慧创新技术社区，开展制造服务互动交流。

智慧制造总体架构包括五个层次，如图5-12所示。终端层包括生产设备、物料、产品、运输工具和人员等，实现终端的数据采集；传输层包括工业控制网络、监控网络、管理网络和服务网络等，实现数据的传输；平台层通过对数据的处理，形成设计数据、运行数据、维保数据、客户数据等数据库；应用层针对产品全生命周期和运营管理，形成了PDM、WPM、ERP、MES、QMS和CRM六大信息化平台；决策支撑层通过BI、手机端等系统和工具，实现智能决策和全球运营。

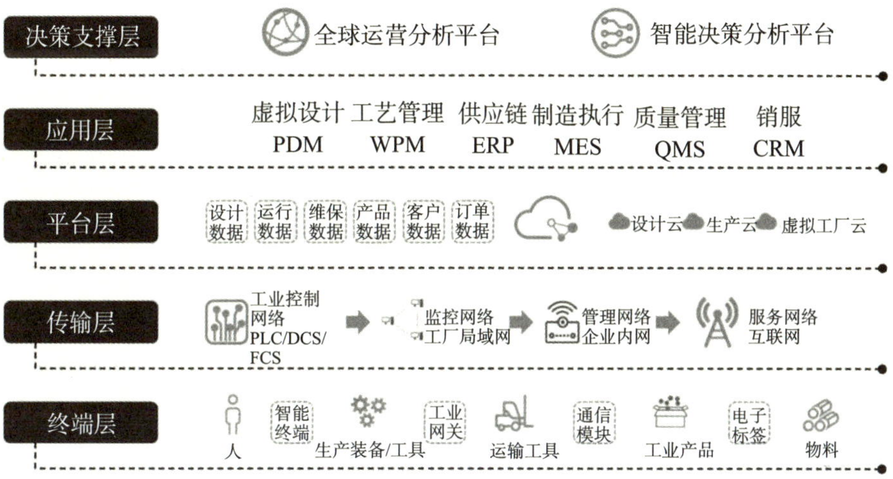

图5-12　智慧制造的体系架构

5.9.2　智慧制造的应用分析

采用建设智慧制造系统将是必然趋势。对于建设智慧制造系统来说，是一种结构化方法。但是，对于IT体系结构和治理来说，是一种服务方法。在智慧制造系统的建设过程中，采用模式可以帮助制造企业建立面向服务的架构（service-oriented architecture，SOM），并通过封装基础设施、应用、流程作为“服务”。然后，这些“服务”在需要时能被不同的部门重新部署与调用，从而改善了制造企业的灵活性和企业的适应性。SOA是一种基于标准的、松散耦合的体系结构。基于标准设计与建设的智慧制造系统，不仅将使集团企业或机构具有更强的业务灵活性和竞争优势，而且还可以满足未来的未知业务需求，获得最大的IT投资回报。

智慧制造的工厂能耗管理是对各企业的能源消耗（如电、水、气的使用）进行监测、记录和分析。实时监控各种能源的使用情况，能够为节能降耗提供直观、科学的依据，促进企业的管理水平、降低运营成本。通过监控能耗设备、分析能耗费率等工作，可以让管理者及时掌握能耗变化趋势，进行科学决策。智慧制造是在传统网络化制造的基础之上，充分借鉴面向服务技术、云计算技术、物联网技术及高性能计算技术等信息领域的新技术和新模式，将工业化和信息化融合推进到一个新的高度，打造一体化的设计、制造、装备、测试集成平台，如图5-13所示。

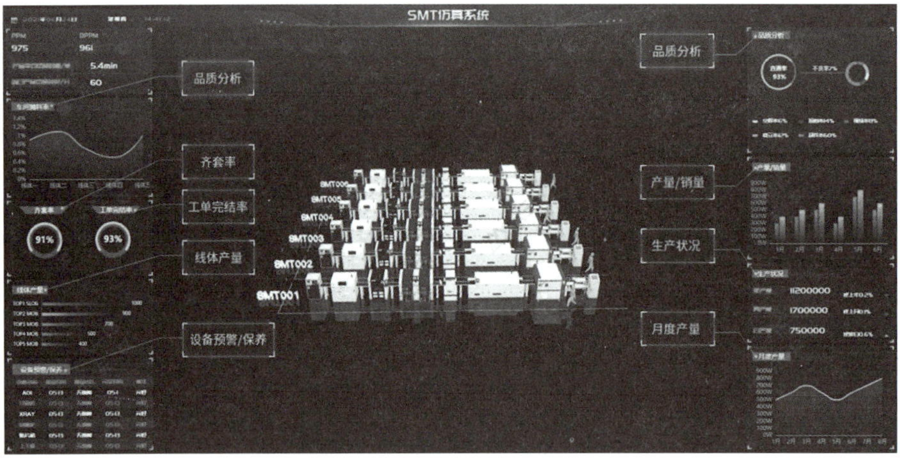

图5-13　智慧制造仿真系统

5.10　智慧城市

5.10.1　智慧城市的概述

智慧城市是指在城市规划、设计、建设、管理与运营等领域中，通过物联网、云计算、大数据、空间地理信息集成等智能计算技术的应用，使得城市管理、教育、医疗、房地产、交通运输、公用事业和公众安全等城市组成的关键基础设施组件和服务更互联、高效和智能，从而为市民提供更美好的生活和工作服务、为企业创造更有利的商业发展环境、为政府赋能更高效的运营与管理机制。

两种驱动力推动智慧城市的逐步形成：一是以物联网、云计算、移动互联网为代表的新一代信息技术；二是知识社会环境下逐步孕育的开放的城市创新生态。前者是技术创新层面的技术因素，后者是社会创新层面的社会经济因素。

智慧城市是在新一代信息技术快速发展的背景下，以互联网、物联网、云计算、大数据等为基础，以信息技术高度集成和信息资源综合利用为特征，以智慧的城市管理、智慧的市民服务和促进智慧产业发展为重要内容的现代城市发展新模式和新趋势，是城镇化、信息化、工业化高度融合的产物。

智慧城市的建设按照统一体系架构、统一标准规范、统一建设运维的总体思路进行，实现“统筹规划、集中共享、协同服务”。如图5-14所示。

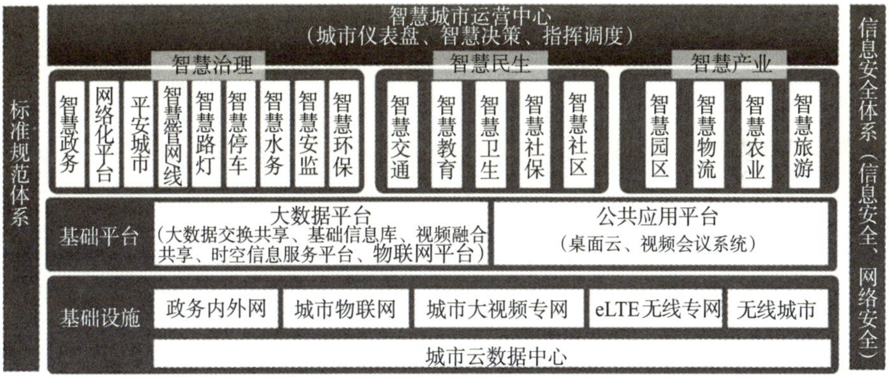

图5-14　智慧城市框架

智慧城市构建统一整体的基础支撑服务体系，通过云计算、大数据等技术对云数据中心、基础网络、基础平台进行规划设计，通过统一规划、建设、运营和维护，实现信息资源按需分配、统一管理，提升智慧发展的整体支撑能力。在基础支撑服务体系之上，构建服务城市运行、民生服务和产业经济发展的智慧应用体系，通过智慧政务、平安城市、智慧水务、智慧安监等智慧应用建设，促进城市管理精细高效，提升现代化治理水平；通过智慧交通、智慧教育、智慧社区等智慧应用建设，促进民生服务普惠均等，提升民生福祉的获得感；通过智慧园区、智慧物流、智慧旅游等智慧应用建设，推动形成具有特色的多维产业新生态。

智慧城市需要建立标准规范体系和信息安全保障体系，通过两者的基础保障，满足社区家庭、企事业单位、产业园区、政府机关等多种信息化需求，促进资源共享和互联互通，实现有线网络高速接入、无线网络全面覆盖、城市部件智能感知、服务终端网络广泛部署、云服务有效支撑，建成高速、泛在、绿色、可信的信息基础设施。

随着信息技术的不断发展，城市信息化应用水平不断提升，智慧城市建设应运而生。建设智慧城市在实现城市可持续发展、引领信息技术应用、提升城市综合竞争力等方面具有重要意义。

5.10.2 智慧城市的应用分析

智慧城市的主要功能是通过数字化、网络化、智能化手段，提升城市各项功能的效率和水平，实现城市治理现代化、经济发展创新和居民生活美好。具体来说，智慧城市的主要目标包括以下几个方面。

一、提升城市治理水平

通过数字化、网络化、智能化手段，实现城市治理的精细化、智能化和高效化，提高城市治理能力和水平，为居民提供更加便捷、高效的城市公共服务。

二、促进城市经济发展

通过数字化、网络化、智能化手段，提高城市经济活力和竞争力，推动产业升级和创新发展，实现经济可持续发展。

三、提高居民生活质量

通过数字化、网络化、智能化手段，提高城市公共服务的水平和质量，为居民提供更加便捷、舒适的生活环境，提高居民的生活质量和幸福感。

云计算技术是一种基于互联网的计算模式，可以将计算资源、存储资源和应用程序等服务通过互联网提供给用户使用，具有按需自助、快速弹性和低成本等特点。在智慧城市中，云计算技术可以应用于城市公共服务领域，如智慧交通、智慧环保等，实现数据共享和资源优化配置。通过数字化、网络化、智能化技术的支持和应用，实现城市治理现代化、经济发展创新和居民生活美好。智慧城市可视化系统，如图5-15所示。

图5-15　智慧城市可视化系统

5.11　智能家居

5.11.1　智能家居的概述

智能家居是在家庭产品自动化、智能化的基础上，通过网络按照拟人化的需求而实现的。智能家居系统具有以下特征。

一、安全性

安全性是智能家居系统首先要解决的问题，主要包含两个层面：一是安全的智能家用电器设备，保障其安全可控；二是安全的网络和控制系统，需要有足够安全的网络来防止他人的入侵。

二、易用性

智能家居要做到为最终用户提供良好的舒适度，就需要在易用性方面下功夫。这就要求智能家居系统在功能上人性化、个性化。设计时要考虑到不同层次人群的需求，让最终用户真正体会到智慧化的“个性”服务。

三、稳定性

系统的稳定性是家庭生活更舒适的前提保证。如果系统不够稳定，不但不能提供方便，反而会带来麻烦。

四、扩展性

智能家居系统必须具有良好的兼容性和扩展性，能够保证各种设施的即插即用以及网络组建的便捷性。

5.11.2 智能家居的应用分析

智能家居系统结构框图，如图5-16所示。

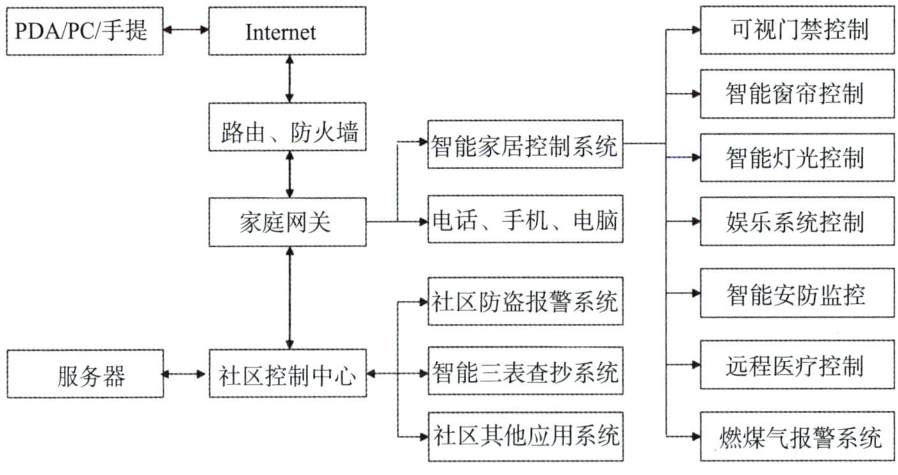

图5-16 智能家居系统结构框图

其中，智能灯光控制不仅能对照明系统实现分区和分场景控制，实时监控整个照明回路的开闭实况，还能根据室内照度实现调光控制和串联控制。智能灯光控制系统一般由灯具、调光模块、遮阳/百叶窗、带遥控的多功能面板、感应器、电源模块和耦合器组成，系统内部通常使用的协议有KNX（也称EIB）、DALI和CBus等，并且能实时监视整个照明回路的开闭情况。照明控制系统对外提供OPC、输入/输出模块、USB和RS232等接口，集成商可以通过设备厂家提供的SDK将照明系统集成到慧安蜂巢物联网操作系统平台。

5.12　智慧农业

5.12.1　智慧农业的概述

智慧农业是指通过物联网、云计算等信息与通信技术，构建一个高度感知的环保基础环境，实现污染源、水环境、空气环境、生态环境等及时、互动、整合的信息感知、传递和处理，以促进污染减排、环境风险防范、生态文明建设和环保事业科学发展为目标的先进环境保护理念。“智慧农业”是“数字环保”发展的延续和高级阶段，是环保信息化发展的必然结果。

随着信息技术的飞速发展和广泛应用，信息化已经成为各级部门提升管理效率的重要手段。在国家“实施信息强环保”战略的号召下，智慧农业建设已经成为推动环境管理模式转型创新、提升环境管理精细化水平的重要手段。我国的智慧农业建设正在进入全面、系统推进的新时期。

智慧农业模型框架，如图5-17所示。

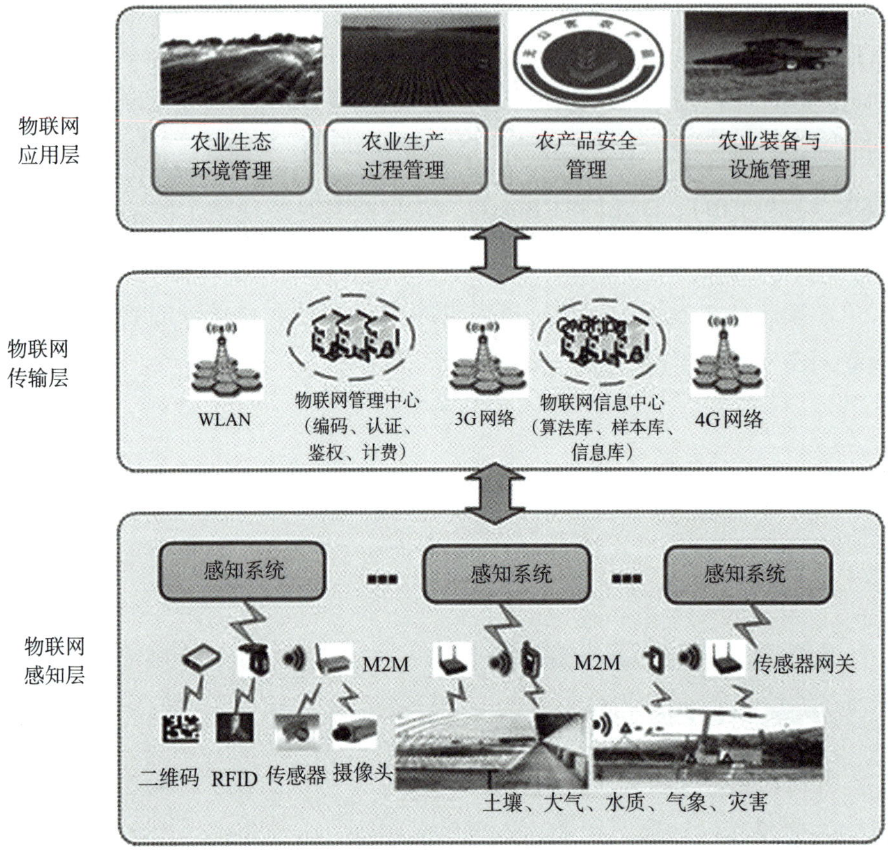

图5-17　智慧农业模型框架

5.12.2　智慧农业的应用分析

智慧农业是物联网技术在现代农业领域的应用，主要有监控功能系统、监测功能系统、实时图像与视频监控功能。智慧农业的远程诊断系统结构图，如图5-18所示。

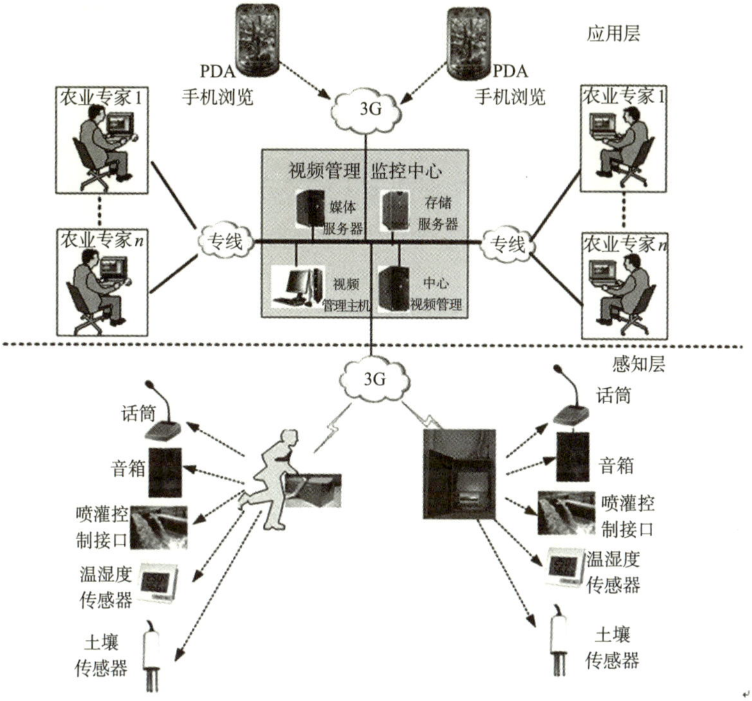

图5-18 远程诊断系统结构图

一、监控功能系统

无线网络可以获取植物生长的环境信息，如监测土壤水分、土壤温度、空气温度、空气湿度、光照强度、植物养分含量等参数。其他参数也可以选配，如土壤中的pH值、电导率等。收集、接收无线传感汇聚节点发来的数据，对这些数据进行存储、显示和管理，实现所有基地测试点信息的获取、管理、动态显示和分析处理，以直观的图表和曲线的方式显示给用户，并根据以上各类信息的反馈对农业园区进行自动灌溉、自动降温、自动卷膜、自动进行液体肥料施肥、自动喷药等自动控制。

二、监测功能系统

在农业园区内实现自动信息检测与控制，通过配备无线传感节点，太阳能供电系统、信息采集和信息路由设备配备无线传感传输系统，每个基点配置无线传感节点，每个无线传感节点可监测土壤水分、土壤温度、空气温度、空气湿度、光照强度、植物养分含量等参数。根据种植作物的需求提供各种声光报警信息和短信报警信息。

三、实时图像与视频监控功能

农业物联网的基本概念是实现农业上作物与环境、土壤与肥力的物物相联的关系网络，通过多维信息与多层次处理实现农作物的最佳生长环境调理和施肥管理。

5.13 智慧交通

5.13.1 智慧交通的概述

智慧交通是以互联网、物联网等网络组合为基础，以智慧路网、智慧装备、智慧出行、智慧管理为重要内容的交通发展新模式，具有信息联通、实时监控、管理协同、人物合一的基本特征。

智能城市道路交通物联网架构和智慧交通系统架构，分别如图5-19和图5-20所示。

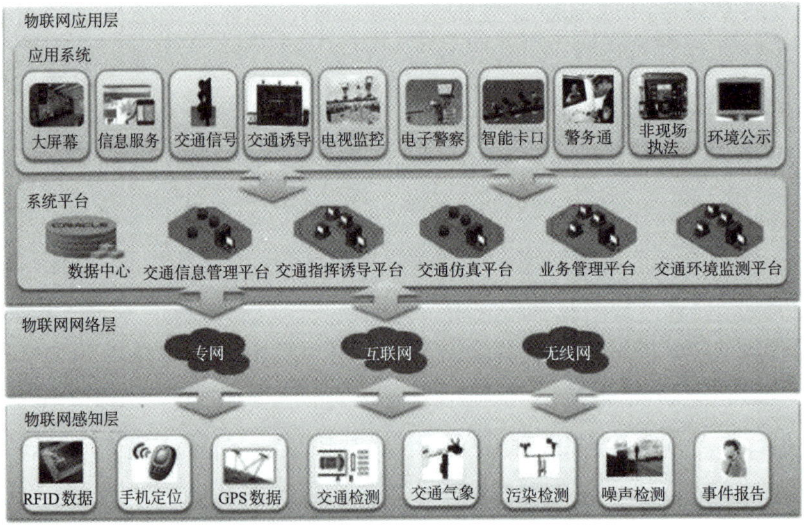

图5-19 智能城市道路交通物联网架构

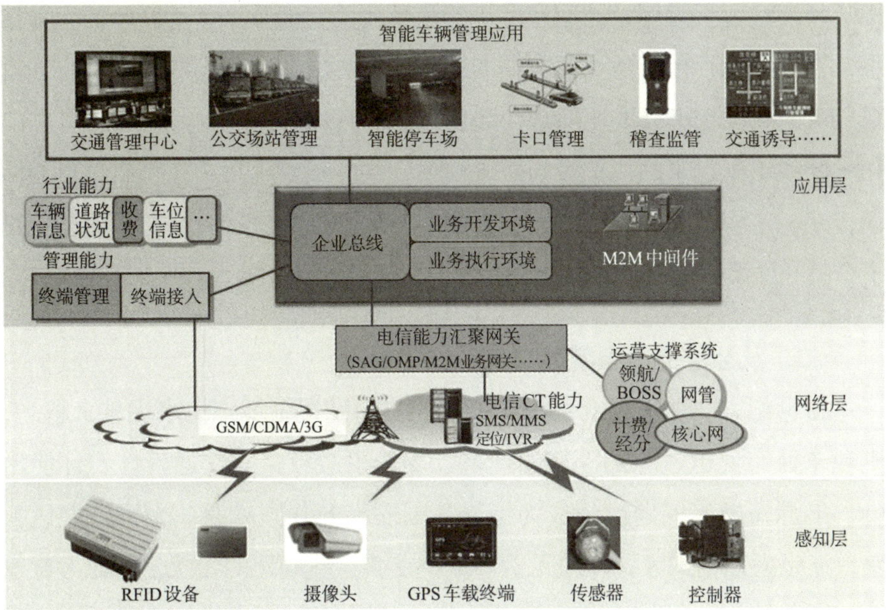

图5-20 智慧交通系统架构

5.13.2 智慧交通的应用分析

一、智慧交通系统的应用需求

智慧交通系统主要解决四个方面的应用需求。

（1）交通实时监控。获知哪里发生了交通事故、哪里交通拥挤、哪条路最为畅通，并以最快的速度提供给交通管理人员和驾驶员。

（2）公共车辆管理。实现驾驶员与调度管理中心之间的双向通信，来提升商业车辆、公共汽车和出租车的运营效率。

（3）旅行信息服务。通过多媒介、多终端向外出旅行者及时提供各种交通综合信息。

（4）车辆辅助控制。利用实时数据辅助驾驶员驾驶汽车，或替代驾驶员自动驾驶汽车。

数据是智慧交通的基础和命脉。以上任何一项应用都是基于海量数据的实时获取和分析而得以实现的。位置信息、交通流量、速度、占有率、排队长度、行程时间、区间速度等都是重要的交通数据。物联网的大数据平台在采集和存储海量交通数据的同时，对关联用户信息和位置信息进行深层次的数据挖掘，发现隐藏在数据里面的有用价值。例如，通过用户ID和时间线组织起来的用户行为轨迹模型，实际记录了用户在真实世界的活动，在一定程度上体现了个人的意图、喜好和行为模式。掌握了这些，对于智慧交通系统提供个性化的旅行信息推送服务很有帮助。

二、从智能交通到智慧交通

20世纪末，随着社会经济和科技的快速发展，城市化水平越来越高，机动车保有量迅速增加。交通拥挤、交通事故救援、交通管理、环境污染、能源短缺等问题已经成为世界各国面临的共同难题。无论是发达国家，还是发展中国家，都毫无例外地承受着这些问题的困扰。在此大背景下，诞生了实时、准确、高效的综合运输和管理系统，即智能交通系统。

智能交通系统将人、车、路三者综合起来考虑。在系统中，运用了信息技术、数据通信传输技术、电子传感技术、卫星导航与定位技术、电子控制技术、计算机处理技术及交通工程技术等，并将系列技术有效地集成、应用于整个交通运输管理体系中，从而使人、车、路密切配合，达到和谐统一，发挥协同效应，极大地提高了交通运输效率，保障了交通安全，改善了交通运输环境，提高了能源利用效率。

智能交通系统中的“人”是指一切与交通运输系统有关的人，包括交通管理者、操作者和参与者；“车”包括各种运输方式的运载工具；“路”包括各种运输方式的道路及航线。“智能”是ITS区别于传统交通运输系统的最根本特征。

随着电子信息技术的发展，“数据为王”的大数据时代的到来，为智慧交通的发展带来了重大的变革。物联网、云计算、大数据、移动互联等技术在交通领域的发展和应用，不仅给智慧交通注入新的技术内涵，也对智慧交通系统的发展和理念产生巨大影响。随着大数据技术研究和应用的深入，智慧交通在交通运行管理优化，面向车辆和出行者的智慧化服务等各方面，将为公众提供更加敏捷、高效、绿色、安全的出行环境，创造更美好的生活。

5.14 智能系统

5.14.1 智能系统的概述

一、智能系统的定义

智能系统（intelligence system）是具有专家解决问题能力的计算机程序系统，能运用大量领域专家水平的知识与经验，模拟领域专家解决问题的思维过程进行推理判断，有效地处理复杂问题。智能基于知识，信息有序化为知识，智能系统要研究知识的表示、获取、发现、保存、传播、使用方法；智能存在于系统中，系统是由部件组成的有序整体，智能系统要研究系统结构、组织原理、协同策略、进化机制、性能评价等。

二、人工智能的定义

“智能”的含义很广，其本质有待进一步探索，因而，对“智能”一词也难以给出一个完整确切的定义，但一般可以这样表述：智能是人类大脑的较高级活动的体现，它至少应具备自动地获取和应用知识的能力、思维与推理的能力、问题求解的能力和自动学习的能力。人工智能是计算机学科的一个分支，自20世纪70年代以来被称为世界三大尖端技术（空间技术、能源技术、人工智能）之一，也被认为是21世纪三大尖端技术（基因工程、纳米科学、人工智能）之一。这是因为近30年来，人工智能获得了迅速的发展，在很多学科领域都获得了广泛应用，并取得了丰硕的成果，人工智能已逐步成为一个独立的分支，无论在理论和实践上都已自成一个系统。人工智能企图了解智能的实质，并生产出一种新的能以与人类智能相似的方式做出反应的智能机器，该领域的研究包括机器人、语言识别、图像识别、自然语言处理和专家系统等。人工智能从诞生以来，理论和技术日益成熟，应用领域也不断扩大，可以设想，未来人工智能带来的科技产品，将会是人类智慧的“容器”。人工智能是对人的意识、思维的信息过程的模拟。人工智能不是人的智能，但能像人那样思考，也可能超过人的智能。

人工智能是一门严谨的科学，专注于设计智能系统和智能机器，其中使用的算法技术在某些程度上借鉴了人们对大脑的了解。许多现代人工智能系统使用人工神经网络和计算机代码，模拟非常简单的、通过互相连接的单元组成的网络，类似大脑中的神经元。这些网络可以通过修改单元之间的连接来学习经验，类似人类和动物的大脑通过修改神经元之间的连接进行学习。现代神经网络可以学习识别模式、翻译语言、简单的逻辑推理，甚至创建图像并形成新的想法。其中，识别模式是一项特别重要的功能——人工智能十分善于识别大量数据中的模式，而这对于人类来说则没有那么容易。所有这些都通过一组编码程序以惊人的速度发生，运行这些程序的神经网络具有数百万单位和数十亿的连接。智能就源于这些大量简单元素之间的交互。

三、智能系统的发展

很久以前，所谓的智能系统，只是具有简单的、自动化能力的工具而已。

仿生系统促进了智能系统的发展。自然界的生物是人类的老师，人类通过观察自然，模仿生物，揭示了各种自然奥秘，并不断地应用到人类的日常生活中，推进了人类历史的发展。例如，飞机的形状，与蜻蜓的形状很相似；蝙蝠的眼睛视力很差，却在夜间无障碍飞行，这启迪人类制造出了类似于蝙蝠的雷达系统；蜜蜂的巢房是令人惊叹的神奇天然建筑物，既坚固又省料，我国的古代建筑如楼台亭榭，无不受益于蜂巢的启示。

18世纪蒸汽机的出现大大提高了航海技术，后来汽车、飞机的出现，把人类的活动范围在同等时间内带到了更广阔的天地。精密的机器可以自动运转，这也是相当智能了。但是直到计算机出现，人类才真正进入了智能时代。

1946年，世界上第一台计算机ENIAC问世。起初，计算机主要是军事部门、科研机构的运算工具，但随着计算机技术的飞速发展，计算处理变成了信息处理，如财务管理、文字处理、印刷排版，以及声音、图像、视频处理，多媒体信息在计算机上的应用层出不穷。计算机系统成了无所不能的智能系统。

近100年间，人类已经发明了各种各样的智能系统，极大地改变了人们的生活。人们的日常生活，已经深受智能系统的影响。例如，人们通过车载导航或智能手机就可以清楚地掌握路程轨迹，以及拥堵状态、花费时间；孩子通过家里的智能音箱，如天猫精灵、小度、小爱等进行关于数学问题、科学知识、天气预报、故事、英语等的对话。

不仅是人们的工作生活，各行各业都在朝智能化发展。各种智能系统应运而生，如智能家居、智能交通、智能制造，甚至智慧校园、智慧城市，智能系统已无处不在。

智能家居：让家用电器（如空调、洗衣机、净水器、电视机、电灯），实现智能感知，预先启停，自动调节，生活的舒适性和安全性大大提高。

智能交通：实时引导车辆的流向与预警提示，准确预估出行、到达时间。

智能制造：让机器人来完成大量的重复性的操作。

智慧校园：将学校的日常业务与大数据结合分析，实现学习、生活信息的精准推送与提醒，让人少跑路，数据多跑路。

智慧城市：结合先进的技术（如5G技术、云计算技术等），实现城市的环境、交通、生活、商业、生产等全方位覆盖，信息联动，智能感知，极大地提高了城市整体的效率，以及人们生活、工作的便捷性。

智能系统包含硬件与软件两个部分，在实际的应用中，需要软件、硬件紧密结合才能更加高效地完成工作。

硬件包括处理器（CPU）、存储器（内存、硬盘等）、显示设备（显示器、投影仪等）、输入设备（鼠标、键盘等）、感应设备（感应器、传感器、扫描仪等）等部件。在硬件配置方面，可以根据需求对智能系统的硬件设备进行定制，以满足不同的需求。在实际的应用中，比较常见的硬件设备是工控机、智能终端等产品。

在软件方面，有许多可以选择的编程语言，如C、C++、VB、Java、Delphi等，这些计算机语言都可以编写出智能系统所需要的软件应用，然后植入硬件设备进行测试、调优，与硬件配合完成特定的功能。

“智能”基于“信息”，“智能”寓于“系统”；“系统”基于“物质”，“系统”控于“信息”。系统是由部件组成的有序整体；系统是相对于环境或其他系统而存在的，系统可以与环境或其他系统组成更大的系统。

广义的智能系统包括具有多种类、多层次、多阶段、多模式、多特征、多范畴的智能系统，以及各种类、各规模、各结构、各参数、各特性、各功能的智慧系统。

5.14.2 智能系统的应用分析

智能系统与一般应用程序的主要区别在于：智能系统将应用领域的问题求解知识独立形成一个知识库，可以随时进行更新、删减与完善等维护，这样就可以充分运用人工智能有关知识表示技术、推理引擎技术和系统构成技术；而一般应用程序将问题求解的知识直接隐含地编入程序，要更新知识就必须重新变动整个程序，并且难以引入有关智能技术。

正因为智能系统有这么多的优点，随着技术的不断进步，其应用范围也越来越广阔。实际上，自20世纪70年代智能系统诞生以来，其已经广泛应用到科学、工程、医疗、军事、教育、工业、农业、交通等领域，产生了良好的经济与社会效益，为社会技术进步做出了重大贡献。

一、智能机器

智能机器是一类具有一定智能能力的机器，如智能机床、智能航天器、无人机、智能汽车及先进的智能武器等。大多数智能机器均具有高度自治能力，能够灵活适应不断变化的复杂环境，并高效自动地完成赋予的特定任务。与智能系统纯软件性不同，一般智能机器是智能软件与专用硬件设备相结合的产物。

通常，智能机器内部拥有一个智能软件，其通过机器装备的传感器和效应器捕获环境的变化并进行实时分析，然后对机器行为做适当的调整，以应对环境的变化，完成预定的各项任务。智能软件是智能机器的大脑中枢，负责推理、记忆、想象、学习、控制等；传感器则负责收集外部或内部信息，如视觉、听觉、触觉、嗅觉、平衡觉等；效应器则主要实现智能机器人的言行动作，作用于周围环境，如整步电动机、扬声器、控制电路等，实现类似人类的嘴、手、脚、鼻子等的功能。智能机器的主体则是支架，其在不同形状、用途的智能机器中差异很大。

目前，智能机器人研制工作吸引了众多国家的人工智能领域的科学家与工程师参与，特别是在美国、日本、德国等一些发达国家，各种智能机器人层出不穷，并被应用到各个领域，从日常生活到太空、深海，到处都有智能机器人的身影。据不完全统计，各类智能机器人分布在众多不同的应用领域，包括医疗、餐厅、军事、玩具、水下、太空、体育、社区、工业、农业等，为人类社会的进步做出了杰出贡献。

一般而言，智能机器人不同于普通机器人，应具备如下3个基本功能：(1) 感知功能。能够认知周围环境状态及其变化，既包括视觉、听觉、距离等遥感型传感器，也包括压力、触觉、温度等接触型传感器。(2) 运动功能。能够自主对环境做出行为反应，并能够进行无轨道自由行动，除了需要有移动机构，一般还需要配备机械手等能够进行作业的装置。(3) 思维功能。根据获取的环境信息进行分析、推理、决策，并给出采取应对行动的控制指令。

随着智能科学技术的不断发展与进步，将来智能机器人也必将具备越来越多的智能功能。特别是随着对生物、神经、认知等方面认识的不断深化，这种直接利用脑机制来实现机器人行为控制的技术将大大加快智能机器人的发展步伐。另外，有关意识机器人研究工作的开展，也会使智能机器人发生质的飞跃。

二、智能社会

延展心智的哲学观认为，人类的心智具有延展性；而分布式认知规则认为，思维不仅是单个个体心智的事情，而且是经过群体心智相互合作而产生的。因此不管哪种观点，都可以看出，人类心智能力均有社会性的一面。因此，智能科学技术的应用自然也会波及人们社会生活的各方面，如图5-21所示。

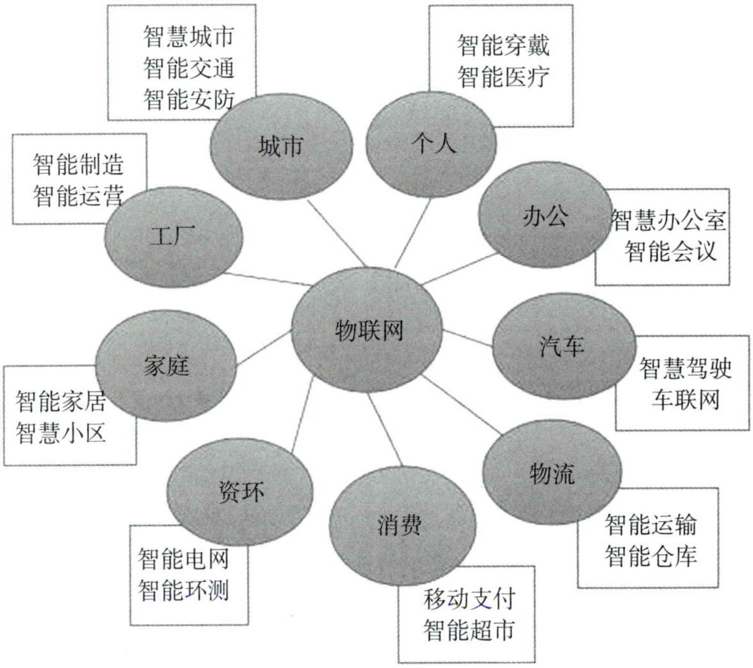

图5-21　智能社会

（一）智能家居

家居生活的智能化实现技术统称为智能家居（smart home/intelligent home），涉及事务管理系统等多个方面，因此智能家居是一个综合性利用智能信息技术的研究领域。

家庭是社会的基本单元，智能社会远景实现的第一步，首先是家居的智能化，其为家庭提供安全、方便、舒适、环保、娱乐、健康的生活环境。从技术层面上讲，智能家居的开发平台主要以住宅为核心，并延伸到日常起居的诸多方面。

智能家居是数字家园（digital family）和网络家居（network home）的延伸，是在数字化、网络化的基础上，进一步智能化的结果。因此，除了综合布线技术、网络通信技术、自动控制技术，其更多地强调安全防范技术等。

智能家居系统应包括的子系统有家居布线系统、家庭安防系统、家庭娱乐系统、健康咨询系统及家政服务系统等。

家居布线系统：为了实现智能家居各种智能化服务，首先需要在家居住宅中进行布线，以便支持需要的语音/数据、多媒体、家电自动化、安防等多种应用的实现，这就是智能家居布线系统。在家居布线系统的基础上，可以搭建家庭网络系统。

家庭安防系统：确保住宅与人员安全，基础设施包括门磁开关、紧急求助、烟雾检测报警、燃气泄漏报警、玻璃破碎探测报警、红外微波探测报警等。高级设施则包括视频实时监控系统，可以让家庭成员随时通过移动智能终端（如智能手机）监视住宅内外的情况。

家庭娱乐系统：充分利用音频、视频等多媒体手段，开发家庭娱乐系统，丰富家庭业余生活。例如，人机互动娱乐活动、哼唱智能点歌软件，甚至机器填词、谱曲辅助软件等，都需要应用复杂的人工智能技术。

健康咨询系统：提供健康咨询、常规体检、饮食指南等功能，甚至对普通疾病提供基本的诊断服务。此外，可以结合中医辅助诊断系统来提高健康咨询系统的服务水平和效果。

家政服务系统：除了开发家庭日常事务管理系统，还可以开发家电控制系统，帮助家庭做家务，控制餐饮家电自动做饭、炒菜、洗碗，配置智能吸尘器打扫卫生，等等。

将上述各系统集成起来，就可以构成智能家居系统，加上数字化、自动化方面的诸多功能实现，这样的智能家居系统就可以提供如下优质的家居服务：(1) 与互联网随时相连，网络服务始终在线，为在家办公提供了全天候网络信息服务。(2) 在安全防范方面，可以实时监控非法闯入、火灾、煤气泄漏、紧急呼救的发生。一旦出现险情，智能家居系统会自动发出报警信息，同时启动相关电器，使其进入应急联动状态，从而实现主动防范，避免不必要的损害。(3) 利用人机对话技术，实现全部家电的智能控制或远程交互性控制，方便遥控家电的使用，提高家电使用效率，节省不必要的等待时间。(4) 提供全方位的家庭娱乐服务，不仅提供家庭影院、背景音乐这样低智能化的服务，而且可以利用高级智能技术，提供自动旋律声控点歌、辅助作词谱曲、歌舞动漫仿真等高级娱乐服务。(5) 提供全面的家庭信息服务，包括将健康咨询、理财管理、日常事务管理全部信息化，以及提供物业接洽信息提醒等服务。

（二）智慧城市

智慧城市建设涉及的主要核心技术包括以下几类。

智能感知识别技术：通过物联网采集的信息都需要解决智能识别问题，这就需要使用具体的智能识别技术。

智能移动计算技术：智慧城市首先是无线城市，无线移动计算的智能化就是下一代移动计算的发展方向，其中存在众多智能化的难题需要解决，如各种移动智能终端的开发，以及身份识别、远程支付、移动监控等智能软件的开发等。

智能信息融合技术：智慧城市建设中涉及大量不同类型的信息处理，需要将不同来源、不同格式、不同时态、不同尺度、不同专业的数据在统一的框架下进行处理，这就需要智能信息融合技术来实现，这种融合包括底层原始数据融合、中层特征数据融合及高层决策数据融合多个层次。

另外，由于数据处理规模庞大、关系复杂、交流频繁，因此需要建立云计算数据中心，以保障诸功能系统的有效运行，并以此为依托，建立信息网络平台、公用信息平台、专题信息平台、决策支持平台和空间信息平台，包括建立相应的智能信息处理中心。

目前，很多城市均已先后启动了智慧城市的建设，有的是全方位开展，有的是部分开展，还有的是进行小范围试点。我们相信，在不远的将来，随着智能网络技术、智能物联网技术、智能决策支持技术等智能高新技术的快速发展，城市生活将更加舒适、方便和智慧。

智能社会建设任重道远，但智能社会的建设是社会发展的必然趋势。也可以说，智能社会是信息社会的高级阶段。因此，为了建设智能社会，除了需要转变相关的思想观念，建立相适应的社会制度，形成成熟的智能技术也是一项基础性的工作。

（三）智能产业

智能产业的发展主要包括芯片产业、软件产业、大数据产业、通信技术、云技术等产业技术的发展。

（1）芯片产业：包括CPU芯片、存储芯片、图像处理芯片GPU。

（2）软件产业：行业软件需要对行业的需求、行业的业务流程、流程中的问题解决方案进行分析设计。

（3）大数据产业：所有的智能处理都是建立在已有方案与未知问题的分析基础上的，数据越多越详细，越有助于信息的分析。

（4）通信技术：数据的传播形式是无线、大流量、低延迟。

（5）云技术：包括数据的云计算、云存储。

智能系统的发展，一方面促进了产业的发展，另一方面又对某些产业进行了淘汰。就像智能手机的出现，淘汰了之前广泛应用的卡片相机、随身播放器等。

智能系统对工业、农业、金融、医疗、无人驾驶、安全、智能教育、智能家居等行业也正在产生深远的影响。例如，在第一产业，天地一体化的智能农业信息遥感监测网络在农田实现全覆盖，智能牧场、智能农场、智能渔场、智能果园、智能加工车间、智能供应链等智能化集成应用成为现实。在第二产业，随着智能制造核心支撑软件、关键技术装备、工业互联网等的广泛应用，流程和离散智能制造、网络化协同制造、远程诊断和服务等新型制造模式成为可能，企业的智能供给能力大幅度提升。此外，在物流产业，随着搬运装卸、包装分拣、配送加工等深度感知智能物流系统的推广应用，以及深度感知智能仓储系统的研发建立，最终建立在智能化基础上的物流系统可将目前的仓储运营效率提升数十倍。

人工智能是产业升级的新引擎，一方面可以促进产业结构的优化升级，另一方面也将会给我国经济转型升级带来深刻影响。而人工智能之所以能够对产业结构升级产生促进作用，则源于其能够提高各要素的使用效率，最终实现创新驱动型、资源再生型、内涵开放型的经济增长方式。

本章小结

物联网平台作为物联网的重要组成部分，是集成了设备管理、数据安全通信、消息订阅等功能的综合管理平台。物联网平台向下支持管理连接采集设备，采集海量数据；向上提供应用接口，通过调用接口将指令下发至设备端，进行远程管理。

物联网用途广泛，遍及工业监测、环境监测、路灯照明管控、景观照明管控、楼宇照明管控、广场照明管控、老人护理、个人健康、花卉栽培、水系监测、食品溯源、敌情侦查和情报搜集等多个应用场景。

信创物联网的发展在安全、自主、可控的基础上，更能定制化地满足我国各行业领域的需求。本章就一些典型的信创物联网案例进行分析和介绍，但涉及核心技术方案与专利处只做简要说明。

通过本章的学习，希望读者能够对信创物联网的应用案例和应用场景有一个系统的了解和认识。

参 考 文 献

[1] 刘华君,刘传清. 物联网技术[M]. 北京:电子工业出版社,2010.

[2] 刘河,杨艺,陈天伟等. 智能系统[M]. 北京:电子工业出版社,2020.

[3] 王万良. 人工智能导论:第3版[M]. 北京:高等教育出版社,2015.

[4] 曾毅,刘成林,谭铁牛. 类脑智能研究的回顾与展望[J]. 计算机学报,2016,01. 213-221.

[5] 毛博,徐恪,金跃辉,et al. DeepHome:一种基于深度学习的智能家居管控模型[J]. 计算机学报,2018,41(12):55-67.

[6] 燕庆明. 物联网技术概论[M]. 西安:电子科技大学出版社,2012.

[7] 马建编. 物联网技术概论[M]. 北京:机械工业出版社,2011.

[8] 沈玉龙,裴庆棋等. 无线传感器网络安全技术概论[M]. 北京:人民邮电出版社,2010.

[9] 卢建军. 物联网概论[M]. 北京:中国铁道出版社,2012.

[10] 许力. 无线传感器网络安全和优化[M]. 北京:电子工业出版社,2010.

[11] 郑军,张宝贤. 无线传感器网络技术[M]. 北京:机械工业出版社,2012.

[12] 张楠. 无线传感器网络安全技术研究[M]. 四川:西南交通大学出版社,2010.

[13] 周贤伟. 无线传感器网络与安全[M]. 北京:国防工业出版社,2007.

[14] 何清. 物联网与数据挖掘云服务[J]. 智能系统学报,Vol. 7 No. 3,2012(6).

[15] 王志宏,杨震. 人工智能技术的哲学及系统性思考[J]. 电信科学,2018,34(4):12-21.

[16] 李伯虎,柴旭东,张霖,等. 新一代人工智能技术引领下加快发展智能制造技术、产业与应用[J]. 中国工程科学,2018,20(04):81-86.

[17] 王惠莅,杨晨,杨建军. 云计算安全和标准研究[J]. 信息技术与信息化,2012(5)

[18] 华为技术有限公司网站,智慧城市解决方案。

[19] http://enterprise. huawei. com/cn/solutions/trade/smarter-cities/index. htm.

[20] IEEE Computer Society, IEEE Std. 802. 15. 4-2003, October 2003.

[21] 6LoWPAN, http://tools. ietf. org/html/rfc4944.

[22] 6LoWPAN, http://tools. ietf. org/html/rfc4919.

[23] 6LoWPAN, http://tools. ietf. org/html/draft-ietf-6lowpan-hc-07.

[24] IBM. IBM virtualization. http://www. ibm. com/virtualization.

[25] Apache. Apache hadoop. http://hadoop. apache. org.

[26] Amazon Amazon elastic compute cloud (Amazon EC2). 2009. http://aws. amazon. com/ec2.

[27] ISO. ISO/IEC WD TS 27017[EB/OL]. (2012-5-8)[2012-9-3].

[28] ISO. ISO/IEC WD TS 27018[EB/OL]. (2012-4-8)[2012-9-4].

[29] http://wwwformal. stanford. edu/jmc/whatisai/ .

[30] http://wwwi. arpa. gov/index. php/research-programs/microns/microns-baa .

[31] http://www. linked-brain-data. org .

[32] Brahan J W, Kai P L, Chan H, et al. AICAMS: artificial intelligence crime analysis and management system[J]. Knowledge-Based Systems, 1998, 11 (5-6):355-361.

[33] Passino K M, Antsaklis P J. A system and control theoretic perspective on artificial intelligence planning systems. [J]. Applied Artificial Intelligence, 1989, 3(1):1-32.

[34] Shiratori N, Takahashi K, Sugawara K, et al. Using Artificial Intelligence in Communication System Design[J]. IEEE Software, 1992, 9(1):38-46.